罗克数学荒岛历险记 1

神奇的愿望之码

达力动漫 著
DALI ANIMATION

U0191702

SPM
南方出版传媒
全国优秀出版社
全国百佳图书出版单位
广东教育出版社
·广 州·

依依
开朗，骄傲，不开心的时候喜欢擦东西或者别人的头。
花花公主
可爱的刁蛮公主，霸道，还有点高傲。
罗克
机灵，懒散，数学小天才，但是讨厌数学。
UBIQ
数学机器人，只能发出“嘟嘟嘟”的声音。
小强
受气包，缺乏自信，胆小怕事。

国王
帅气，爱打扮，超级自恋狂，已经很帅了，还想要更帅。
Milk
被校长捡回来的笨笨的外星人，没有常识。
校长
小矮子，数学奇才，聪明，但满肚子坏水。
加、减、乘、除
国王的贴身侍卫，总是欢天喜地干蠢事。

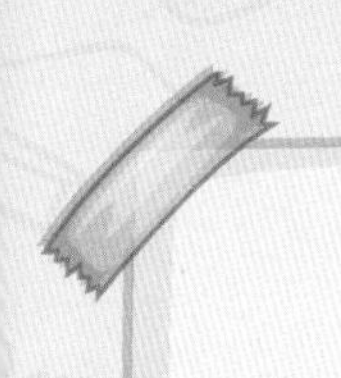

目录

愿望之码

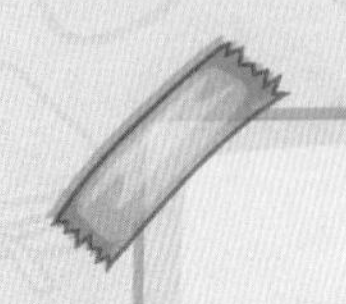

启动

空气大盗

追捕外星人

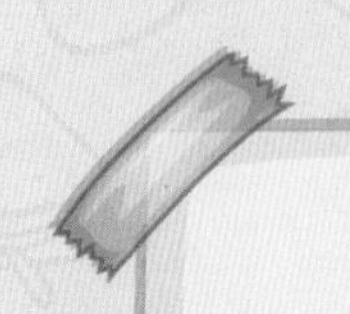

愿望
之码

新的学期，新的开始

清晨的阳光洒在小镇的街道上，来往的行人与车辆，如往常般唤醒了小镇的活力。街道旁的一个小院子，围着由白桦木做成的篱笆，院子里有一栋颜色鲜艳，形状特别的房子。

阳光透过楼上小房间的窗户，洒在了正在熟睡的小男孩身上。

“铃铃铃铃……”“嘟！”一阵闹铃声响起，接着是一声拳头与金属的碰撞声，紧接着又传来两人——不，应该是一位少年和一位机器人——的惨叫声。

“嗷……”睡眼惺忪的棕发少年捂着自己的手，他就是罗克。“嘟嘟嘟！”一旁发出不满声音的机器人，是罗克的伙伴UBIQ。

“好啦，我知道啦，我这就起来。”罗克不情愿地爬起来，又扑倒在床上。

“罗克，你又赖床？给你三分钟，不起床的话，没收你的游戏机。”一个严厉的女性声音传来，罗克吓得一溜烟跳下床穿好衣服。

“妈妈！我已经起来了！”罗克站定，却没有看到妈妈，只看到UBIQ正捂着屏幕上笑脸的嘴偷笑。

“好你个UBIQ，就知道狐假虎威……糟了！今天是开学第一天！UBIQ！几点了？”UBIQ屏幕上显示7：47。“No！快走！”罗克一声令下，UBIQ一点头，身体收缩展平，变身成一个浮空的滑板，随着罗克冲出卧室。只听罗克喊着“早餐为什么又是鸡蛋配牛奶啊——”便踩着滑板从家门飞出。

校园的街道旁，罗克一边赶路，一边吃着煎蛋。“快呀快呀，嗯？那是谁？”罗克嘴里塞满了食物，含糊不清地问UBIQ。

学校院墙下，一个扎着马尾辫的紫头发女生正踩在一个蓝头发的男生肩上探着头往学校里面瞧。

“UBIQ，他们头发的颜色好奇怪啊。”罗克低头看着脚下的滑板UBIQ。

“嘟嘟！”UBIQ继续向前行驶。

“UBIQ，不如我们去打声招呼吧，也许他们是需要帮助的新同学呢？”罗克假装温柔地说。

“嘟嘟！”UBIQ置若罔闻，径直冲到了学校大门口。

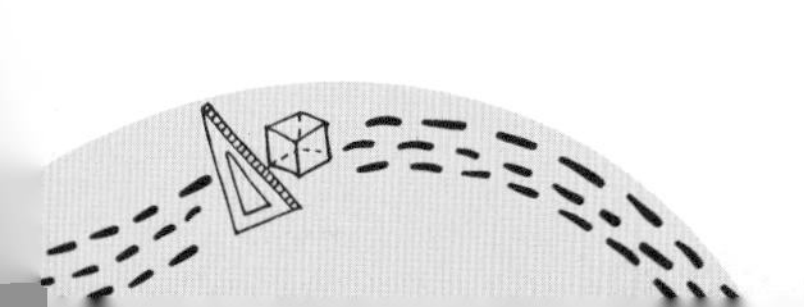

“好啦，都怪我起来晚了，你真没趣。”罗克跳下滑板，UBIQ立马变回机器人的模样。

校门口，一位拄着手杖，十分威风的翘胡子老爷爷站在那里。他注意到罗克向这边过来，侧过身子看着罗克，不悦地问道：“这位同学，你叫什么名字，怎么这么晚才到校？”

“啊，对不起老师，我叫罗克……”罗克低头挠着后脑勺回答着，却被老爷爷打断。

“哼！什么老师，我是你们的新校长！”老爷爷生气地呵斥。

“啊？”罗克一惊，吓得连连鞠躬道歉。校长满意地摸了摸胡子，示意罗克进去。罗克低着头，灰溜溜地进了校门，而身后的UBIQ却被校长的手杖拦住了路。

“这是什么？”校长问罗克。罗克吓了一跳，站定回答：“这……这是我的机器人

UBIQ。”UBIQ也向校长鞠了一躬。

“哦？智能机器人，有点意思，进去吧。”校长收回手杖，UBIQ赶紧走到罗克身边。“快去教室，别耽搁了。”校长叮嘱了一句，罗克赶紧跑向教室。

“惨了，这个新校长真严格，以后要吃不少苦头了。”罗克心里暗想。

煎蛋（烙饼）问题

罗克早上会吃煎鸡蛋，你知道吗，煎鸡蛋也藏着数学学问——“煎蛋（烙饼）问题”是生活中常见的数学问题。

在遇到煎蛋问题时，首先要考虑煎2个、3个鸡蛋所需的最少时间，然后推算出煎更多鸡蛋所需的最短时间。煎3个鸡蛋要考虑如何做到每次锅里同时煎2个鸡蛋。如何用最少的时间煎3个鸡蛋，煎蛋问题就变得十分简单了。

例题

罗克早上想做煎鸡蛋，平底锅只能同时放2个鸡蛋，两面都要煎，每面要煎3分钟，煎3个鸡蛋最少要多少分钟？8个、9个、10个呢？

方法点拨

3张饼都有正反面，第一张饼的正面标为1正，反面标为1反，以此类推。煎饼过程图示如下：

煎3个鸡蛋最少需要3+3+3=9（分）

根据题意推算煎2个鸡蛋至少需要6分钟

8个鸡蛋需要$4\times6=24$（分）

9个鸡蛋需要$3\times6+9=27$（分）

10个鸡蛋需要$5\times6=30$（分）

牛刀小试

用每次只能煎2张饼的锅煎饼，两面都要煎，每面要煎3分钟，16张、19张饼分别至少要用多少分钟？

2 校园里的外星人

“丁零零——”第一堂课下课了，罗克和UBIQ走出教室，“早上忘了上厕所……”罗克快步往厕所走去。进了厕所，罗克拉开一个隔间的门，却发现里面坐着一个蓝头发的男生。“啊！对不起，对不……哎呀！”罗克一边后退一边把门关上，头却被人打了一下。慌乱中，罗克转过头，看到一个紫色马尾辫女生。

“咦，怎么没有晕？”女生又举起拳头，罗克吓得赶紧捂头，大喊：“别打我，别打我。”紫马尾女生不知道从哪里弄来一

块抹布往罗克脸上一顿乱抹。“别吵！小声点！”女生压着嗓子对罗克说，罗克赶紧点头。

“这里是男厕所……”罗克小声咕哝道，女生再次把抹布举起来，罗克赶紧闭上了嘴巴。

“丁零零——”上课铃声传来，UBIQ“嘟嘟”叫着催罗克赶紧回去上课。“我知道啦，但我还没上厕所……”罗克害怕地看着女生，女生脸一红，背过身去。罗克终于能上厕所了。

一阵冲水声后，罗克打开隔间门走出来，刚才的蓝发男生和紫发女生看着他，罗克十分不好意思。“不要把我们的事情告诉别人，听到没有！”女生叉着腰对罗克说。罗克有点好奇地问：“你们是谁啊？”

“不要管我们是谁，但今天的事情不许告诉别人。”女生恶狠狠地叮嘱罗克。这时，罗克才仔细地打量眼前的这俩人，男生

头上戴着一个蓝色帽子，额头上露出了一撮深蓝色的头发，鼻子上还挂着鼻涕，表情有点紧张。一旁的紫马尾女生比男生高一个头，有一双紫色的眼睛。女生发现罗克在打量自己，举起抹布威胁道：“干吗？”罗克一慌，往后退了一步，连忙说：“没，没干嘛，我叫罗克。”

“哼，我管你叫什么……”女生的话还没说完，就被一个爽朗的笑声打断了。“哈哈哈哈，既然对方先作了自我介绍，不介绍自己可不礼貌哦！”旁边的隔间门被打开，里面走出一个戴着王冠的绿头发胡瓜脸大叔。他双手背在身后，看着罗克说：“我叫国王，如你所见，我是国王。”

罗克看着国王，惊讶得说不出话。“哈

哈哈哈，虽然我长得很帅，但你也不能一直盯着我看。”国王笑着调侃道。这时，他旁边钻出来一个绿头发的小女生，头上也戴着王冠，手里拿着一朵小黄花。

随后国王依次介绍着大家：国王旁边的绿头发女孩叫花花，是他的女儿，紫马尾女孩叫依依，蓝头发的男孩叫强强。

“我……我叫小强。”蓝头发男生抬起头，说着说着又低下了头。

“哈哈哈，不好意思，我一时说着顺口……哎哟。”国王被依依狠狠地掐了

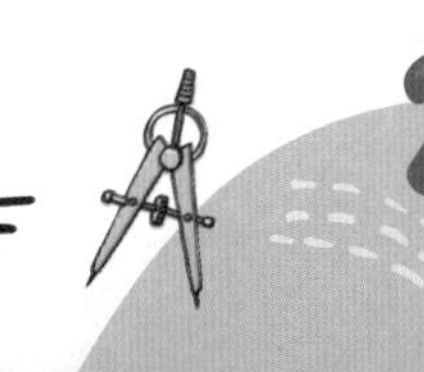

一下。“干嘛自报家门啊！”依依不爽地看着罗克，埋怨国王：“万一这家伙图谋不轨。”

“我们现在没办法了，只能依靠地球人。”国王摊了摊手。

“什么地球人，难不成你们是从外星球来的？”罗克问道。

“这都被你发现了？你很聪明啊！”国王惊讶地说道。

“对不起，已经上课了，我得赶紧去上课。”罗克转身往外走，国王挡在了罗克前面，想要挽留他，罗克又努力想绕过国王，却一直被国王拦着。

小强走过来拉着罗克的衣角，支支吾吾地说：“罗……罗克，帮帮我们吧。”罗克回头看了一眼小强，只见他紧张地擦了一把鼻涕，用恳求的目光看着罗克，罗克叹了口气：“唉，说吧，什么事？”

“我们虽然告诉了你身份，但是并不

代表已经相信你有能力帮我们，我必须考考你，看你有没有能力获得我们的信任。”国王抬起头，叉着腰，得意地说。

罗克一脸无奈，不耐烦地喊着“借过借过”，又试图绕过国王，而小强赶紧用力抓住罗克的衣角。

“你就不能帮帮我们吗？这个问题对我们来说很重要。”依依终于也无奈地开口了。罗克见状，没有办法，两手一摊，请国王继续说下去。

“我们王国有一个古老的预言，预示着我们星球的末日：

“天干为楼，地支为梯，一日一步，登满则归圆。

“这里面有我们星球距离末日的时间，但我却看不懂。”国王无奈地说。

罗克低头想了想，嘴里咕哝了几句，打了一个响指：“哈哈，这是道简单的数学题，我已经算出来了，是108天。”

看着周围人的脸上满是怀疑的表情，罗克赶紧向大家解释：“这其实是个很简单的爬楼问题，天干地支是中国古代的纪年法，天干为十，地支为十二，也就是说，有十层楼，每层楼有十二阶梯……”

“那这么说的话，难道不应该是$10\times12=120$（天）吗？”罗克话还没说完，就被依依打断了。罗克得意地一笑，接着说：“不要着急，提醒你一下，一楼是不用爬的，爬到10楼实际上一共只爬了9层，所以应该是$12\times(10-1)=108$（天）。”

“原来是这样！你小小年纪居然这么有智慧，看来可以成为我们的好帮手啊！”国王说。

“好了，和你们玩得很愉快，但是我已经迟到了，要挨老师骂了，非常感谢。”罗克绕过国王走了出去。小强不知所措地看着依依，国王痛心疾首地伸手挽留罗克。

“怎么办啊？依依。”小强抱怨道，

“都怪国王太奇怪了，罗克根本就不相信我们是外星人。”

“强强你怎么可以这么说我，我还不是为了考验一下地球人的能力？”国王反问小强，小强又低下头，不停地摆弄着自己的衣角。

依依看着罗克的背影，无奈地叹了口气。最后，大家决定先等罗克下课，再想办法当面解释清楚。

爬楼梯

爬楼问题类似于植树问题中“两端不植”的情况。1楼是不用爬的，所以要爬的楼应当是总楼层减1，如爬到4楼，实际爬了3层。这类问题用线段图最容易理解，把题目中的条件与线段图中的点和线段分别对应起来。楼层用点来代替，楼层之间的楼梯（也叫间隔）用线段代替。在解决此类问题的过程中会锻炼我们的对应思维、图形思维。

规律：爬楼数=楼层数-1

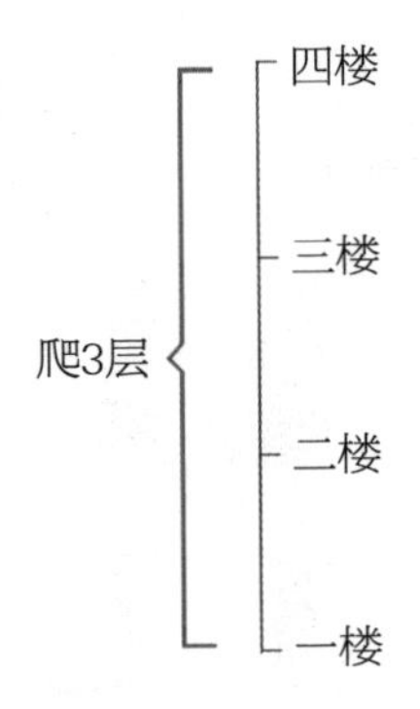

小朋友们，你们在爬楼梯的时候试一试，数一数这个规律对不对。

例题

天干为楼，地支为梯，一日一步，登满则归圆。

方法点拨

首先这里有一个小知识，天干、地支为古代纪年法，一共有十天干、十二地支。天干为楼的意思是爬了10楼，地支为梯的意思每层有12个阶梯。

故计时共有（10−1）×12=108（天）

牛刀小试

姐弟两人比赛爬楼梯，姐姐爬到5楼时，弟弟恰好爬到3楼，照这样计算，姐姐爬到25楼，弟弟是爬到23楼吗？如果不是，那姐姐爬到25楼时弟弟爬到多少楼呢？

奇怪的球

太阳慢慢落山，忙碌了一天的人们疲惫地往家里赶，校长也打算开车回家。当校长来到停车场，从胸前左侧口袋掏出车钥匙的时候，突然想起了一件很重要的事：他忘记把车停哪儿了。这真是个烦人的停车场，排布得乱七八糟，忘记把车停在几号车位的话，就很难找到，校长心里很是懊恼。

就在校长头疼的时候，突然听到背后有人喊他，回头一看，发现是停车场的保安。这保安端端正正站在校长身后，手里捧着一大摞纸条，笑着问校长怎么了。

一听说校长在找车，保安会心一笑，当即从手捧的那摞纸条里抽出一张递给校长说：“你以为这里的保安，仅仅是为了保管车辆吗？其实我们还有另外一个重要职责，就是帮你们找车！现在你只要解开这道题，就知道车停在哪了！”

校长半信半疑地看了看纸上的内容，顿时跳了起来，因为纸上只有一道毫无逻辑的数学题，校长认为保安在戏弄他，生气地问：“你在逗我玩吗？”

汽车停在 ? 号

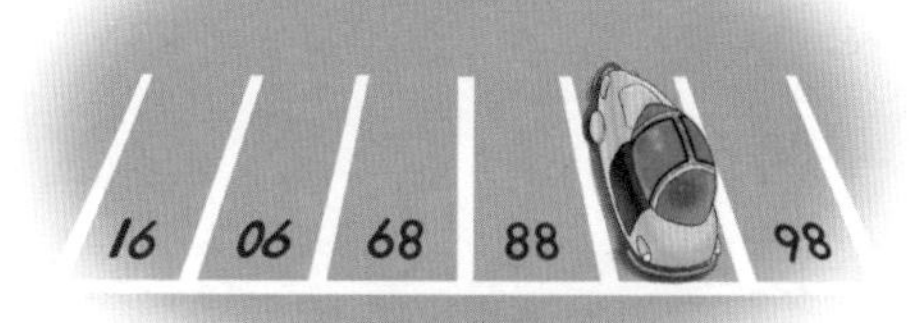

保安摇着手说：“当然不是。但请交提示费，五毛，谢谢。”

校长觉得这个停车场就是故意设计成这样的，好多赚些钱，自认倒霉的他只好给

了保安五毛钱。保安拿了钱，鄙视地看了一眼，挺起胸，快步离开了。

校长没办法，只能继续思考手中的数学题，这时候校长就怪自己数学学得不够精了，这怎么做啊？无奈的校长一会儿皱眉，一会儿挠头，一副生无可恋的表情，因为他实在做不出来。

就在校长感到绝望的时候，突然一个圆球从天上掉下，不偏不倚地砸在校长的脚下。

“谁乱扔垃圾啊？”校长捡起圆球，四处张望，想看看是谁这么不讲公德，但是并没有看到人。校长将目光转回手中的圆球上，发现这个圆球似乎有点奇怪，不像垃

圾，反而像一个宝贝。

校长瞪了眼圆球，越想越生气：“就算是宝贝又怎样，还能帮我把题目解出来不成？”

话音刚落，圆球发出一道光，一个声音从圆球传出：“如你所愿。”然后圆球发出的光将校长手中的纸包裹起来，将纸条 180 度转了个方向，重新放回校长手中。

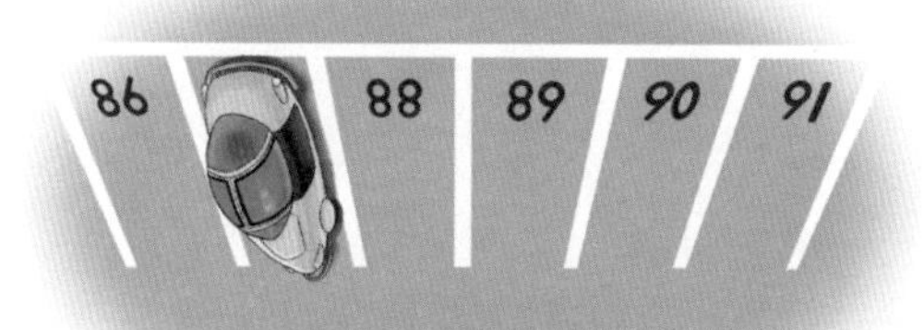

校长看着手上转了方向的纸说：“换个角度看问题……好像答案出来了！是87！”

顺利找到了自己的爱车，校长开始认真打量起手中的圆球，心想难道这真是个宝贝？

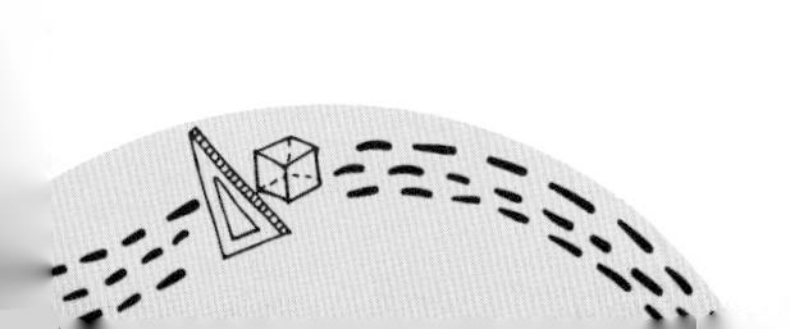

找规律

找规律的题目，通常按照一定的顺序给出一系列量，要求我们根据这些已知的量找出一般规律。解决找规律问题要学会多角度观察和思考问题，眼力即思维，有时正常思路走不通的时候反过来想想，会有意想不到的效果。

例 题

如图，汽车停放的位置是多少号?

汽车停在 ？号

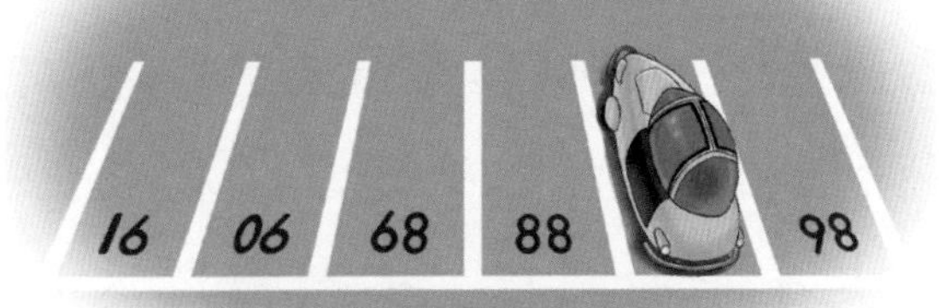

方法点拨

这是一道趣味解密题，乍一看没有规律可循。反过来看就可以看到规律：

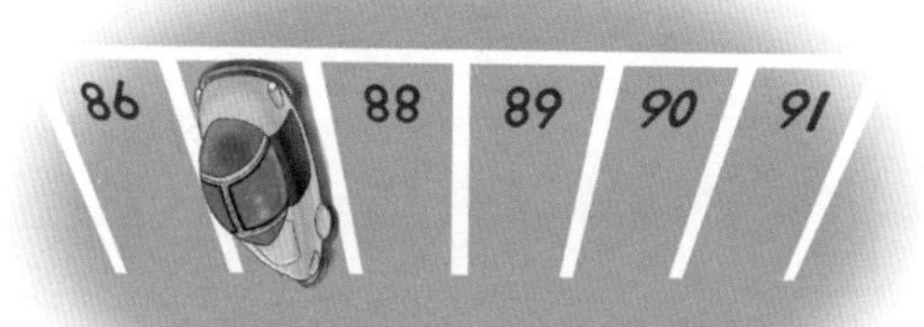

如图，数字变成了86、？、88、89、90、91，所以答案很明显就是87。

神奇的愿望之码

走在放学的路上，罗克无奈地叹着气，因为在学校厕所遇见的那几个外星人一直跟在他身后，就在罗克想着如何甩掉他们的时候，忽然看到停车场的校长。罗克走过去，想和校长打声招呼，但是看到校长有点奇

怪，竟然手拿放大镜，对着一个圆球在说话，难道校长疯了吗？

只听见校长小声惊叹道："我连续问了五个数学题居然都答出来了，果真是宝贝！"

校长小心翼翼地将圆球放进衣袋里，还不放心地摸了摸，心想：有了这宝贝，什么数学题都难不倒我，我将会在数学界名声大噪！

校长的行为引起了国王一行人的注意，他们纷纷瞪大眼睛死死盯着校长的衣袋。

国王擦了擦眼睛，说："我好像看到了愿望之码。"小强、花花和依依也愣住了，揉揉眼睛，点点头。然后依依率先冲向校长，其他人也一窝蜂跟上，只有罗克不知道发生了什么，但是……好像现在是开溜的好机会啊！

罗克正想偷偷溜走，却被校长喊住了。"那边那个同学，快过来帮帮你令人尊敬的

校长啊。”原来校长被几个自称外星人的家伙包围走不了了，喊罗克帮他解围。罗克只好过去，看到国王抱着校长的大腿不让他走，其他几个人企图从不同方向，攻击校长的衣袋。

罗克被吓到了，心想，难道他们是因为作业太多做不完，在报复校长吗？

还没等罗克想明白，就听到国王大喊：“把愿望之码交出来！”

罗克和校长同时愣住，心想什么是愿望之码？没听说过啊！

“愿望之码是我们数学荒岛最重要的东西，有了它才能解救荒岛的末日！”依依对罗克说道。

校长恍然大悟，掏出衣袋里的圆球看了看，惊奇地说：“原来这东西叫愿望之码。”国王等人纷纷点头，表示这个圆球就是愿望之码，这是属于他们王国的，请校长还给他们。

校长赶紧收回手，握紧愿望之码，问道：“你们有什么证据可以证明圆球是你们的？”

结果国王等人互相看看，纷纷摇头，不知该如何证明，但是国王还是很淡定的样子，说：“我不管，我的就是我的，根本不需要证据。”

校长掂量了一下手中的愿望之码，眼珠子一转，心想这么好的宝贝，绝不能还给他们，得引开他们赶紧开溜才行。

校长假装咳嗽了两声后说：“我也不是不讲道理的，这样吧，我出一道数学题，你们做对了，我就把这东西还给你们。”国王等人好像对自己的数学很自信，个个点头答应，只有小强在一旁怀疑这是个阴谋。

校长笑了笑，用手杖在地上写下几个等式。“听好了，在以下各个数字4之间插入算术运算符号，使每个等式都能成立。”

4　4　4　4 = 3

4　4　4　4 = 6

4　4　4　4 = 7

4　4　4　4 = 8

国王歪着头瞅了瞅题目，立即毫不犹豫地说：“不会！”然后又看了看小强和依依，两人也都苦恼地摇着头。

罗克看了看，发现这数学题挺简单的，他们几个肯定是没好好学习数学。国王竟没有一丝羞愧，相反还充满自信地说：“虽然我不会，但是他会！”说着，国王把手指向了罗克。罗克连忙摆手，这和自己没关系呀。然而依依像是和罗克很熟络一般，搭上他的肩膀，一脸讽刺地问：“你是不是也不会做啊？”罗克被依依的话刺激到了，对他来讲，怀疑他什么都可以，但就是不能说他不会做数学题，于是罗克立刻捡起一根树枝，在等式上画起来。

$$(4\times4-4)\div4=3$$

$$(4+4)\div4+4=6$$

$$4+4-4\div4=7$$

$$4\times4-4-4=8$$

一画完，罗克丢下树枝，拍拍手，说：“其实只要这样就可以了。”国王几人恍然大悟。

然而在罗克做数学题的时候，心怀诡计的校长却想到了逃跑的妙招，想到国王他们肯定猜不到自己会用这招逃跑，校长很得意。

国王神气地走到校长面前，大大咧咧地伸出手讨要愿望之码。而校长满意地点头说：“没错，答对了。”校长看了看手上的愿望之码说：“你们确信，这东西能实现愿望？”

国王不耐烦地挥手说：“当然了，别废话，快还给我们。”校长会心一笑，然后装作要把愿望之码交出去的样子。国王几人一

脸激动，国王正想拿过愿望之码，突然意外发生了。

校长连声喊道：“愿望之码，送我回家。”一阵闪光，校长消失在原地。国王等人想阻止时已经来不及了。罗克像是见了鬼一样，诧异地问：“校长呢……变魔术吗？”

依依气坏了，不甘心地跺着脚：“他用愿望之码逃跑了！这下你相信我们了吧？”罗克已经震惊到不知道该说什么好了，他努力定了定神，心想：难道他们真是外星人？

另一边，校长瞬间出现在自己家中，他掐了掐自己的胳膊，感觉到一阵疼痛，确定自己没在做梦。校长抚摸着愿望之码，狂妄地高喊：“有了这东西，我就可以开始那件事了！哈哈哈！哎呀，我的车还在外面呢！”

巧填数学符号

数学中常有一些妙趣横生的问题，这些问题只需要用到“+”“-”“×”“÷”和“( )”“[]”，以及一些并不复杂的自然数，这类问题有助于培养数感，一旦掌握这种趣题的解题方法，就容易得到答案。常用的有试验、凑数、倒推等方法。

例 题

在以下各个4之间插入算术运算符号，使每个式子都成为等式。

4　4　4　4= 3

4　4　4　4= 6

4　4　4　4= 7

4　4　4　4= 8

方法点拨

这是一道比较简单的数字符号趣味题。先看等号后面的得数，用“倒推法”解题。

因为4是个偶数，当答案是奇数时，我们需要考虑到用4÷4=1来获得奇数，充分尝试和估算来获得答案。

$$(4\times4-4)\div4=3$$

$$(4+4)\div4+4=6$$

$$4+4-4\div4=7$$

$$4\times4-4-4=8$$

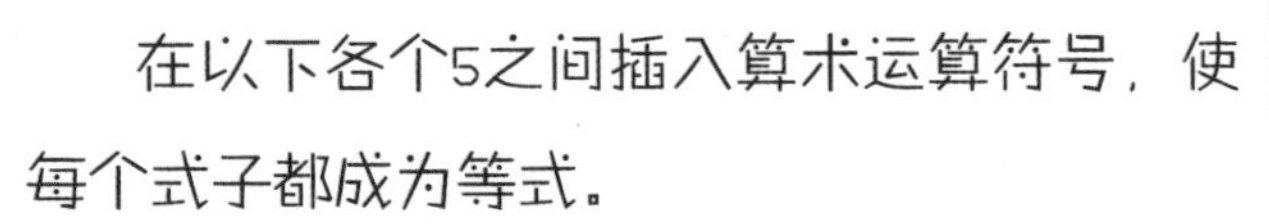

在以下各个5之间插入算术运算符号，使每个式子都成为等式。

5　　5　　5　　5　　5=0

5　　5　　5　　5　　5=1

5　　5　　5　　5　　5=2

5　　5　　5　　5　　5=3

启动

1 愿望之码失效了？

一个简单整洁的房间内，地面铺着绿色的地板，墙面刷着白漆，还有一张充满科技感的小床——是的，床不大，但看上去很适合主人的身型。

床边井然有序地摆放着日常生活用品。床边的架子上摆着几本睡前读的数学、物理、化学书，各式各样的数学比赛奖杯，还有一个精致的相框，相框里放着一张校长年轻时意气风发的照片。

床对面摆放着一张实验桌，桌子的前面有一张电脑椅。实验桌上有一个酒精灯，几

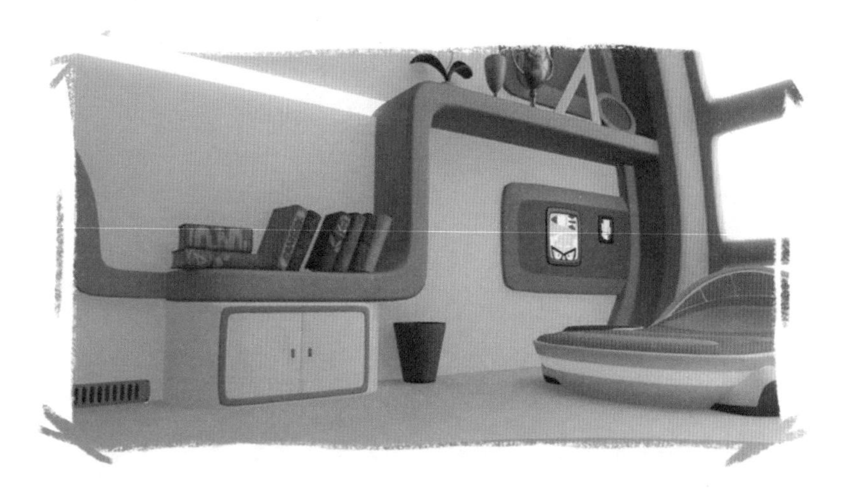

个烧杯，一个大支架和装着各种颜色液体的试管，桌面上零散地放着几张写得密密麻麻的纸片，真是一间充满了“校长风格”的温馨房间。

房间门被打开，校长抱着愿望之码走进来，他一脸不高兴，皱着眉头坐到椅子上，举起愿望之码就往桌子上使劲砸去，但快砸到桌面上时又收住了手，将愿望之码轻轻放下。

校长从座位上站起来，在房间里来来回回走着，嘴里咕哝着：“刚刚在停车场还好

好的，怎么回来后就不灵验了呢？”

他走来走去，思来想去，突然回过头对着愿望之码大喊：“之码开门！”然而愿望之码仍毫无反应。

另一边，在罗克家里，一群人正在客厅中讨论着。“我认为当务之急，应该是先找到一座城堡。”国王摸了摸下巴说：“这种地方根本不适合一位帅气的国王居住。”话音落下去很久，也没有一个人理他，很显然这个话题他已经不是第一次说起了。

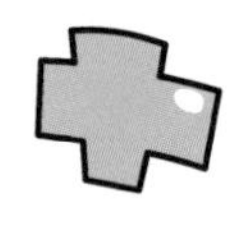

UBIQ头顶着一个盘子走进来，盘子上面摆放了几杯果汁，罗克拿起一杯一饮而尽。小强握着杯子，看着罗克喝完，犹豫再三后也喝了一小口。依依在一旁皱着眉，撇着嘴，用指尖转着手帕。

罗克看大家都不是很开心，只能陪着小心开口说道：“依各位看，现在应该怎么办？”罗克刚说完，一旁的依依按捺不住自己的情绪，直接把手帕捂到罗克脸上，一边

揉一边说：“还不都是你害的，明明都快拿回愿望之码了！”

花花赶紧拉住依依，罗克挣脱了依依的手帕，依依“哼”了一声把手帕收回来，罗克擦了擦脸说：“谁知道这事是真的嘛……”看着依依又准备拿手帕，罗克赶紧闭嘴。

“大家不要吵了，我来想想办法，找得到愿望之码，找不到，找得到……”罗克往旁边看了一眼，花花正在撕手里的花瓣，看最后一片轮到哪边，这是她特有的“占卜大法”。

“这也太不靠谱了。”罗克赶紧说，“我们快去找愿望之码吧！”

小强看着罗克，小心地问：“我们去哪里找啊？”依依看着罗克，罗克看着大家，心里也不知道去哪里找，只好低下头说：“对不起，我不该怀疑你们，给大家添麻烦了。”

依依不耐烦地说："然后呢？"罗克叹了口气，接着说："我答应帮你们找愿望之码……"

"真的？你答应了？"依依打断他的话："你自己说的，可不能反悔，不然……"看着依依手里旋转着的抹布，罗克只好点头，心中想着自己是不是上当了。

"那我们赶紧去找吧……"依依提议道，但肚子却咕咕叫了，大家也都不自觉地摸了摸自己饿瘪了的肚子。这时UBIQ从厨房出来，嘟嘟嘟地叫着。罗克听到后开心地说："UBIQ叫我们去吃饭呢。"大家欢呼着坐到桌子前。

吃过饭后，国王满足地躺在沙发上，花花跑过去说："爸爸！你这样会长胖的！"国王调整了一下睡姿，并没有打算从沙发上起来，说："没关系，帅气的国王是不会长胖的。"

花花看国王不听劝，又心生一计，突

然对着国王大喊一声：“妈妈来了！”国王赶紧跳起来坐好，看着四周，紧张地直问：“哪呢，哪呢？”看到大家在偷笑，国王才发现自己上了花花的当，就尴尬地假装咳嗽清了清嗓子。

气氛一片祥和，罗克心想这帮人可真是心大，愿望之码丢了难道不应该很担忧吗？

依依发现了罗克疑惑的表情，问道：“你是不是很奇怪为什么我们不着急去找愿望之码啊？”罗克点了点头，依依继续说：“虽然愿望之码可以实现愿望，但是必须要做数学题给它补充能量才行。”看到罗克还是一脸疑惑，依依说：“你不明白在停车场为什么没解数学题也能实现校长的愿望了吧？这可能是愿望之码里还剩有一点点能量，但是现在嘛……”依依顿了顿，又说：“校长现在可能正想破脑袋呢。”罗克听完后心中痛呼果然上当了。

这时，UBIQ“嘟嘟嘟”地跑了出来，

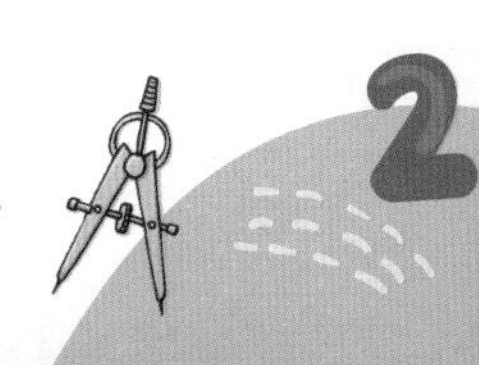

把大家引到房间，只见床铺已经整理好了，众人喊着“太棒啦”，便一头扎向温暖的被窝。罗克无奈地摇了摇头，心想他们真不把自己当客人呀！

吉祥数加法充能

为了给愿望之码充能，罗克想到了含6、8、9这样的吉祥数加法题。吉祥数加法题也属于数字与符号趣味题，但只用到“+”这一种运算符号。

例 题

现有200块糖要分给老人院的一些老人们，这些老人都认为8是个吉祥数字，他们并不想平均分，他们希望分成几份，每一份得到的数量只含有数字“8”。你知道怎样分才能让老人们满意吗?

方法点拨

老人们没有规定要分成几份，分糖时尽量先尝试用比较大一点的数，只含有数字“8”，最大就想到“88”。所以分成5份，有2份是88个，另外3份每份是8个。

200=88+88+8+8+8

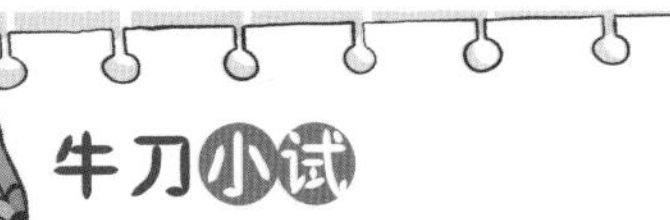

把100个鸡蛋分装在7个盒子里，要求每个盒子里装的鸡蛋个数都带有数字“6”，想一想，怎样分？

大街上的坦克
五颜六色的热狗

小镇又迎来新的一天，和往常一样，人们走出家门，路旁的早餐店揭开蒸笼，食物的香气从蒸笼里冒出来，招徕着周围起早空腹的客人。这是一天忙碌的开始，小店前面几乎站满了客人，除了街角那家新开的店铺，路过的客人看了一眼里面的商品，都马上露出惊恐的表情，纷纷加快了自己的脚步。

店铺内，一位古怪的老婆婆正在打扫卫生，她眼皮上画着浓浓的紫色眼影，嘴上涂着深紫色的口红，头上戴着一顶粉色贴头

帽，上面还插着两个棒棒糖形状的发簪，路过小店的孩子们给她取了个绰号，叫“糖果婆婆”。

两个小男孩跑到店铺前面，糖果婆婆赶紧走过来打招呼：“小朋友想吃什么呀？保证好吃！”小男孩们看了看柜台里面的商品，齐声说：“真恶心！像毛毛虫！”便嬉笑着跑开了。

糖果婆婆生气地挥了几下拳头，然后打开柜台，拿出一根绿色的热狗，闻了闻，说：“这青苹果味的热狗多香啊，地球人真不懂什么才是美味。”周围的人看到她手里

颜色奇怪的食物，一个个嫌弃地加快步伐走开了。

另一边，校长家里，校长把愿望之码放在地上，自己趴在旁边，他敲了敲愿望之码，轻声地说：“愿望之码，在吗？”看着愿望之码并没有回应他，校长又跳起来叉着腰对着愿望之码大吼：“不要逼我对你使用酷刑！你招不招？”愿望之码还是毫无反应，他又趴到地上，非常温柔地说：“嘿嘿嘿……愿望之码，我饿了，你给我变点吃的吧……”愿望之码始终无反应。终于，校长放弃了滑稽的独角戏，站了起来。“说到底这不是什么魔法道具，而是一个科技产物。”校长这样想着，走出房间，一会儿拿了根电线回来。“也许需要一点轻微的电击？哎哎哎哎哎哎……”校长刚把电线接触到圆球，自己却触电了，整个实验室电线短路，一团黑。“真是倒霉。”校长头发全都竖了起来，一开口还有一团黑烟冒出来，他

拍了拍焦黑的衣服，回过头，却发现愿望之码周围有圈淡淡的光，校长开心得手舞足蹈，然后手舞足蹈地对着愿望之码说：“愿望之码，实现我的愿望吧！”愿望之码还是没有回应校长。“难道电量不够？”校长自言自语道，突然眼珠一转，抱起愿望之码跑了出去。

大街上，行人正以异样的目光注视着路面，马路上居然有一辆坦克在行驶，还是一辆十分可爱的坦克。

这辆坦克像一头小象一样，圆圆的车

身，车头前面是一个窄窄的车窗，车窗下的炮筒像长长的鼻子，炮筒下面还有一对象牙状的灯，车头上安装了一个警帽形状的车顶，车两旁有一对大大的车翼，像象耳一样，车翼下面是一个大车门。

坦克内，有两位警长，一胖一瘦，那位胖警长正奋力踩着脚踏板，他戴着一顶红色贴头帽，帽子上面还顶着一顶警帽，警帽下面还有一对小胡子一样的头发，像是胡子长在了头上。

坦克车内那位瘦瘦的警长手里拿着报

纸，正舒适地躺在椅子上，他有一头绿色的头发，胡须也是绿色的，刘海儿长得几乎挡住了眼睛，头上也戴有一顶警帽，手里端着一杯咖啡。

瘦瘦的警长放下报纸，扭头看向旁边的胖警长，问道："知道为什么你在踩，我不用踩吗？"胖警长奋力蹬着脚踏板，气喘吁吁地回应道："不知道！"

瘦警长说："因为我比你聪明！"胖警长一听，生气地扭过头来，问："你凭什么说我没有你聪明？"

瘦警长说："不承认我比你聪明是吧？那我出个题目考考你：一个菜包0.5元，一个肉包1元，我一共买了8个包子，花了5.5元。请问我买了多少个肉包，多少个菜包？"

胖警长说："包子在哪儿？我要吃！"瘦警长不耐烦地卷起报纸，说："吃吃吃，就知道吃，让你算题目！"胖警长干脆收起了踩踏板的脚，认真算题目，坦克停了下来。胖警长想了很久，也没算出答案，说："就算你比我聪明吧，你说买了多少？"

"听好了，这题要这么做：假设我的钱全部买了菜包，那么8个菜包是4元，剩下的1.5元是每个肉包比菜包多0.5元省下来的，也就是我买了3个肉包，再用8减3，就算出我买了5个菜包，所以分别是3个肉包和5个菜包，听懂了吗？知道我们的差距了吧？快踩吧！"瘦警长说。

说完，瘦警长打开报纸继续看着，过了一会坦克还是没动，瘦警长拿下报纸，看到

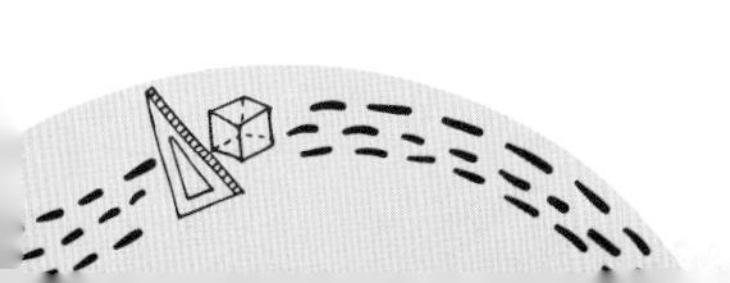

胖警长正盯着窗外看。“胖子，你在傻看什么呢？”瘦警长刚卷起报纸准备打，胖警长说：“我好像看到愿望之码了。”

瘦警长听了赶紧把脸凑到车窗前，把胖警长的脸挤到一边，为了看清楚，把刘海扒拉上去眯着眼看着，但只隐隐约约看见前面的广场上，校长手里拿着什么往中央大喷泉上爬。

瘦警长赶紧把卷起来的报纸，当作望远镜放到眼前看，才看清楚了校长手里拿的确实是愿望之码。他收回身子坐稳，两脚踏在脚踏板上，一副严肃的表情，对胖警长说：“胖子，抓紧了，咱们一定要拿回愿望之码！”然后两人一起“呀呀呀”地踩着脚踏板，坦克“吱”的一声就向广场飞驰而去。

鸡兔同笼问题

“买包子”问题其实是“鸡兔同笼”问题的变形。

鸡兔同笼问题是中国古代著名的数学问题。在我国古代，鸡兔混杂时，人们通过头数与足数推算出鸡兔各有多少。这种推算的方法不仅限于“算鸡算兔”，今天我们研究数学问题时，还经常用到“鸡兔同笼问题”的解题思路，解决一些问题，我们不妨把这些问题称为“鸡兔同笼变形问题”。解决这类问题常用假设法、方程法等。

例题

古有雉兔同笼，上有三十五头，

下有九十四足，问雉兔各几何?

方法点拨

这道题目告诉我们从上面数头一共有35个，从下面数，脚一共有94只。假设全为鸡，脚数比已知少了24只，因为把兔子看成鸡，一只兔子少了2只脚，所以：

兔的只数：（94−35×2）÷（4−2）=12（只）

鸡的只数：35−12=23（只）

牛刀小试

有彩笔和铅笔共27盒，一共有300支，彩笔每盒10支，铅笔每盒12支，两种笔各有多少盒？

3 启动成功 许愿失败

中央大喷泉建在广场的中心，是个像多层蛋糕一样的高台，高台的顶端还矗立着一个硕大的青蛙雕像，这是小镇最高的地方，人们可以通过旁边的阶梯爬上去。

“你就快要爬上去了，老骨头！再加把劲！”此时校长正在心里给自己加油打气，他在向中央大喷泉的顶端爬，虽然才刚爬上第一层。

大象坦克在广场前停下，胖、瘦警长下了车，抬头望向正在拼命爬楼梯的校长。

胖警长看了看，对瘦警长说：“警长，

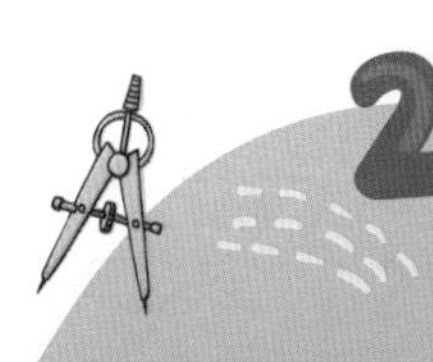

我们快爬上去吧。”瘦警长打量了一下喷泉的高度，摸了摸下巴，说：“他在这上面哪儿也去不了，一会还得下来，我们就在下面等吧。”

瘦警长左右看了看，看到了热狗店，摸摸肚子，立正站好，对胖警长敬礼说：“我现在交给你一个重要的任务。”

胖警长一听，赶紧也立正站好，敬礼问道：“什么任务？”瘦警长说：“那就是盯住他，不要让他带着愿望之码跑了。”

胖警长一听就赶紧转过身立正站好，一动不动地盯着校长，结果刚看了一分钟不到就松懈下来，回过头却看到瘦警长正向热狗店走去。

瘦警长正走着，身后被人拉住了，回头一看是胖警长。“不是说要盯着他吗，你这是要去哪儿？”胖警长问道。

瘦警长挣脱胖警长的手，不耐烦地说：“我去那家热狗店调查一下有哪些味道的热

狗，你怎么擅自离岗了？”胖警长一听，连忙说：“我也想去调查。”瘦警长转身说：“你快回去，这是命令！”胖警长只好乖乖回去站好。

不一会儿，瘦警长就来到了糖果婆婆的热狗店。糖果婆婆正吆喝着：“快来买哟，超好吃的水果味热狗，不好吃不要钱！”瘦警长看了看柜台里面的热狗，咽着口水说：“给我来一个葡萄味的。”糖果婆婆拿出一根紫色的热狗递给瘦警长，他狼吞虎咽地吃完，回味了一下，摇了摇头，说：“不怎么好吃，再给我一根牛奶味的。”

糖果婆婆拿出一根乳白色的热狗递给瘦警长，赔着笑脸说：“嘿嘿，客人您真有眼光，这是我们店评价最好的口味。”

瘦警长又狼吞虎咽地吃完，摸了摸肚子，故作高傲地说：“这个也不好吃啊！”说完扭头就走。

糖果婆婆连声叫住瘦警长：“等等，你

还没给钱呢！”瘦警长回过头说：“你不是说不好吃不要钱吗？”

糖果婆婆发现被戏弄了，气得直冒烟。看着瘦警长离开的背影，她勉强挤出笑容，忍住怒气叫回瘦警长，声音都有点变调了：“等一下，那我再给你尝尝我的得意之作，绝对让你赞不绝口。”

瘦警长一听，还有这种好事，赶紧折回来，说：“既然你强烈推荐，那我就勉为其难地尝尝吧。”糖果婆婆递给他一根热狗，瘦警长神气地接过来，一口咬下去，热狗竟然变成了仙人掌。

瘦警长疼得跳了起来，大喊：“袭警！你这是袭警！”瘦警长含糊不清地说着，赶紧向广场跑去。糖果婆婆拍拍手，撇着嘴说：“哼，叫你还敢来吃霸王餐！”

瘦警长回到广场，向上一看，发现校长终于爬上了喷泉顶，正低头看看下面，似乎有点晕乎乎的。

校长深呼吸一口气，看着下面有两个警长一样的人在打闹，心想：“该不会有警察来了吧，不对啊，这小镇上什么时候有了警察？”

校长心里想着：“不管啦，反正只要我激活了愿望之码，任何人都阻止不了我！”

校长从兜里拿出一根针，往头上放，结果扎了自己一下，才发现放反了，他把针头朝上，绑在头上，说：“这是我自制的小型避雷针，有了这个，愿望之码被雷击到的时候，我就可以安全地避开，哈哈哈哈……”

仿佛听到了校长的呼唤，天空慢慢阴沉下来。校长摩拳擦掌，对着天空大喊：“闪电来了！来了！”然后双手托起愿望之码，双腿弓步，抬着头，放肆地笑着。说时迟那时快，“噼里啪啦！”天空一道闪电劈下，

正中校长。

胖、瘦警长停止了扭打，胖警长深吸了一口气，对瘦警长说："好香啊，有什么东西烤熟了？"

愿望之码迸发出强烈的光芒，罗克等人正在街上走着，依依看着天上的光芒，对大家说："快看！是愿望之码！"罗克抬头一看，说："是广场方向，跟我来。"大家一起跑向广场。

这一边，被雷击得焦黑的校长爬起来，看到了天空中的愿望之码，高兴得手舞足蹈，大喊："哈哈哈，终于成功了！成功了！"

他得意地理了理那已被雷电炸开了的头发，然后脱掉烧出窟窿的西服，露出了一身白褂，他又从白褂里掏出一副炫酷的双色眼镜，换下脸上那副已被烧得焦黑的圆眼镜——这才是他数学博士的形象嘛！校长的穿着实在是太拘束啦，有了愿望之码，变回

数学博士，他还有什么好拘束的呢？

校长坐在喷泉边缘，然后滑到下一层，这样一层一层地滑，一直滑到地上。“哎哟，我的老腰……”校长捶了捶背，赶紧跑向愿望之码。

错解问题

解数学题时经常有些小朋友粗心大意看错或写错数据，小朋友们一定吃亏不少。现在我们不仅要提醒大家不能马虎，还要能够在错中求解，这就是数学中的“错解问题”，这种问题常用对应比较的数学思想。

例题

小马虎在计算有余数除法时，把被除数138看成183，结果商比正确值大了3，但余数恰好相同，你知道正确的除法算式是多少吗?

方法点拨

对应写好如下算式

（1）138÷除数=商……余数

（2）183÷除数=（商+3）……余数

观察比较（1）（2）得知，（183−138）÷除数=3

除数为45÷3=15

正确算式为138÷15=9……3

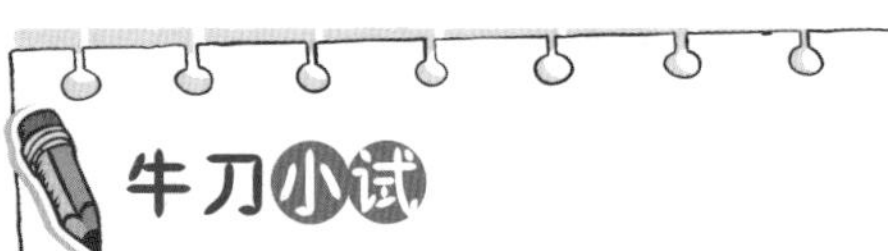

牛刀小试

一个除法算式，原本应该是除以56的，罗克不小心写成除以65，结果得到的商是50。你知道正确的商是多少吗？

这时，天空乌云密布，白昼犹如黑夜，唯有广场上十分明亮。罗克一行人赶到广场，碰到了刚刚从喷泉上滑下来的校长。愿望之码越升越高，校长跳起来抓，愿望之码却像羽毛一样飘开。

“别以为换个造型我就不认识你了！”依依跑向校长：“这次你别想跑！”

校长看到这群人，开始想办法对付他们，脸上却被一块抹布抹上了。“等一下，等一下，等一下……”校长连连后退，摆脱依依的抹布后，对依依说：“懂不懂尊重老

人啊！”

依依拿着抹布看着校长不出声，罗克等人跟了上来，校长看着对面人多，情况不妙，赶紧开口，说道：“你看，我也拿这个东西没有办法，而且是冒着生命危险激活了它，你们应该感谢我才对。”

国王思考了一下，点头说：“嗯……确实应该感谢你。”依依气得直跺脚，指着校长说：“愿望之码本身就是我们荒岛的。”

校长淡定地说：“我也没说愿望之码不是你们荒岛的，但是你们弄丢了，我找到了，还激活了它，难道就凭一句是你们荒岛的就还给你们吗？”

这时罗克站了出来，他对校长说：“这个愿望之码是荒岛岛民们用来挽救家园的，很重要。”荒岛众人点点头，校长眉头一皱，说：“我为什么要相信他们，谁知道他们是不是想利用它侵略我们地球啊？”罗克一听，陷入沉思。

这时愿望之码停止上升，悬在空中，用一种十分温柔的语气播报着：“初始系统已启动，正在激活许愿序列，请稍候。”

所有人都看着愿望之码，花花赶紧低头闭眼，双手握在胸口许愿。

“当前计算能量为零，激活序列失败，请充能。”校长非常惊讶：“什么？还要充能？难道一次雷击还不够吗？”依依听完后大笑：“哈哈哈，愿望之码需要的是计算数学题获得能量。愿望之码，快出题吧！”

大家都打起精神，准备认真听愿望之

码出题，这时响起了愿望之码的广播：“正在启动出题系统，正在评估当前挑战者能力，七天后将出第一题。”说完，愿望之码收缩起来，隐去光芒，飞进了青蛙雕像的肚子里。

校长一听，心想坏了，还得等七天呢，对方人数那么多，万一这七天让他们占了上风，自己岂不是没有机会了，但是论做题，他自认为对方没有人比得过自己，便心生一计，露出了自信的微笑，说：“既然愿望之码还要计算能量，那我们不如比一比，看谁的数学好，愿望之码自然归有能力的人所有，怎么样？”

依依生气地说：“不管怎么样，愿望之码都是我们荒岛的！”校长举起右手摇了摇食指，说：“不，不，不，小朋友，这样讲是没有道理的，我是不会放弃的，但是如果比赛解数学题你们赢了我的话，我当然就心服口服。”

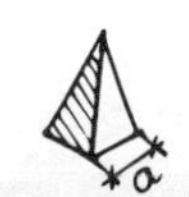

依依一想也是，谁知道这个校长会想出什么歪点子呢，不如光明正大地比一比。校长看出了依依的犹豫，赶紧说："你看，你们人比我多，俗话说人多力量大，三个臭皮匠还顶一个诸葛亮呢！"依依打断他的话，说："你才是臭皮匠！我们答应你的挑战！"罗克这时也接茬说道："哈哈，论数学计算，我还没怕过谁呢！"

校长一看这些人都上钩了，连忙说："那我们说好了，别到时候你们输了，还哭鼻子求我把愿望之码让给你们。"罗克跳起来说："你才是！别到时候耍花招！"

双方离开了广场，校长心中暗笑，想着何必等到最后再耍花招，现在想耍就可以耍啊！

烙饼问题升级

校长经常喜欢用他最拿手的烙饼问题来考大家，只不过问题难度一次次升级。

公式推导：从P8～P9的烙饼问题中，我们发现这样一锅烙两饼问题是能做到每次都烙两张饼的。

烙饼数×2=总面数，总面数÷2=烙饼次数

烙饼个数=烙饼次数

总时间=烙饼次数×每面烙饼时间

所以总时间=烙饼个数×每面烙饼时间

假如有N个饼，每面需要M分钟，则需要最少时间为$N\times M$。

例题

用每次只能煎2张饼的锅煎厚饼，两面都要煎，每面要煎5分钟，煎100张饼和101张饼分别至少要用多少分钟?

方法点拨

只要会算煎两张厚饼要10分钟，煎3张厚饼要15分钟，煎100张饼和101张饼需要的时间可以在此基础上进行推算。

100张饼需要10×50=500（分）

101张饼需要10×49+15=505（分）

★任何大于或等于5的奇数可以写成几个2和1个3的和。

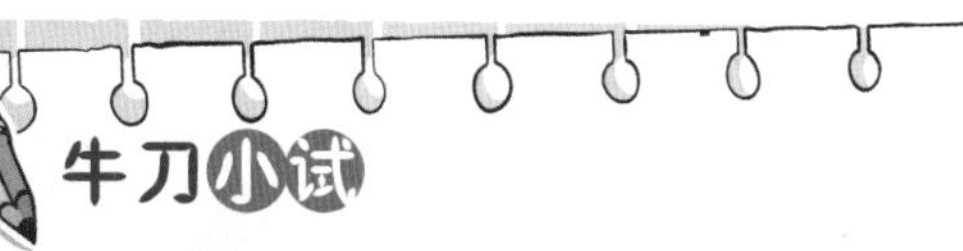

牛刀小试

用每次能煎2个鸡蛋的锅煎蛋，两面都要煎，每面煎2分钟，煎2019个鸡蛋至少要用多少分钟？

空气
大盗

谁动了我的零食

“罗克！你输了！愿望之码是我的了！哈哈哈哈哈……”校长非常得意地站在广场上，手里拿着愿望之码。罗克在旁边一边哭一边打滚，荒岛众人一个个愁眉苦脸地围在罗克身旁。“哈哈哈哈！”校长大笑着，周围有人朝他扔来鲜花，校长举起手示意他们停下，可周围的人并没有停下的意思，还在继续扔，校长又挥了挥手示意，头却突然被一个苹果砸了一下。

“谁啊？”校长猛地一起身，大叫一声，发现原来自己在床上做梦呢，他摸了摸

头，感觉有点疼，说：“这梦还挺真实。”

紧接着，又一个梨被扔过来，砸在了校长头上。“原来这不是梦！是家里进了贼！”校长赶紧起床，手里拿着拖鞋，蹑手蹑脚地慢慢靠近厨房。他一路憋着不敢喘气，不断听到厨房里传来翻箱倒柜的声音。校长的脸越来越红，终于憋不住，停下扶着墙喘了几口气，然后靠着墙偷偷看向里面。

厨房里被翻得一团乱，地上全是咬过一口的水果，还有撕开的零食包装。

校长一股怒火涌上心头，提起拖鞋就冲

进了厨房大喊：“是谁这么大胆？偷我钱财就算了，居然对我的零食下毒手！”

“居然对我的零食下毒手！”此时此刻，罗克家也传出了一声惨叫。罗克拿着一个空的薯片袋，冲进了他父母的房间，现在是荒岛众人住在里面。

罗克一只手举着袋子质问：“是谁？是谁偷吃了我的薯片？”众人迷茫地看向罗克，唯有国王慢慢地站起来，淡定地说：“罗克，我们荒岛人是不会干出这种不光彩的事情的，尤其是我，作为国王，绝对不会做这种事情。”

“等一下！”罗克突然打断国王，跳到国王面前，闻了闻国王的嘴，然后指着国王大喊，“哇！就是你！我闻到了限量版草莓巧克力冰激凌口味薯片的味道！”

国王赶紧用手捂着嘴哈了口气，闻了闻：“咦？应该没了呀，我刚刚漱过口了。”一回头，看到依依等人正在用鄙视的

眼光看着自己。

罗克生气地对国王说："你赔我的薯片！"国王骄傲地从兜里拿出一堆钱，扔向空中，散落一地。"都拿去，国王怎么会缺钱？"国王边说边给了罗克一个潇洒的笑容。

罗克捡起一张钱，上面印着微笑着的国王头像，那笑容和现在国王的笑容一模一样。

"这是什么啊？"罗克又把钱扔在地上。国王捡起罗克扔在地上的钱，说："这是钱啊，怎么了？"小强无奈地对国王说："这是荒岛的钱，在这里没有用吧。"看到国王惊讶的表情，罗克补充道："这是常识吧？！"国王无力地坐到地上，心想这可怎么办，国王不能身无分文啊。

多少种换零钱方法

人民币的面额有100元、50元、20元、10元、5元、1元、5角、1角。找零钱时需用到小面额钱币，1元=10角、10角=1元，10元可以用2个5元换，也可以用10个1元换。荒岛上钱的面值是怎样的呢？一起来看看下面的问题。

例　题

荒岛上的钱币面额取值为1、3、6，对应单位为元、角、分，荒岛上1元=12角，1角=12分，现在要把一张1角的荒岛币，换成1分、3分、6分的零钱，共有多少种换法？

方法点拨

这里的数据不大，可以用列举方法。列举法简单概况为15字：有方法、有顺序、有条理、不重复、不遗漏。

先尽量用较大的数6

12=6+6

12=6+3+3

12=6+3+3×1

12=6+6×1

12=3+3+3+3

12=3×3+3×1

12=3+3+6×1

12=3+9×1

12=12×1

有人民币10张，其中10元的1张，5元的2张，2元的2张，1元的5张，现买15元的饼干，付款方式有哪些？

大人与小孩的赌约

国王愁眉苦脸地坐在地上，身上的口袋全部翻了出来，花花坐在国王旁边，安慰着他。

国王看着一地的荒岛币，说：“我，作为一个国王，居然在金钱上产生了困扰。”

罗克看着国王难受的样子，对他说：“没钱你可以去打工啊。”国王摇摇头，说：“我这么高贵的身份，怎么可能去打工？”

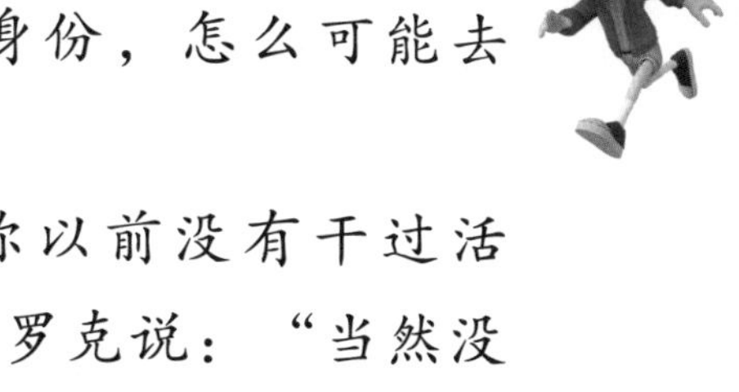

罗克问国王：“你以前没有干过活吗？”国王叉着腰，对罗克说：“当然没

有，我再怎么说也是国王，当国王的哪有自己动手干活的？”

罗克听了，又问道：“那你怎么没有随从啊？”国王不服气地说：“怎么没有……噢！对了！我差点忘了，那四个家伙跑哪里去了？”罗克听到这句话一脸疑惑。花花得意地解释说：“我们家有四个随从，分别叫加、减、乘、除，什么都会！”这下罗克听明白了，原来还有四个人，可这样的话，他的家可能装不下这么多人了。

国王站起来四处张望，大声喊：“加、减、乘、除呢？喂！加、减、乘、除！”依依这时提醒国王：“你忘啦？我们刚来到地球的时候，你让他们和我们分开找愿望之码。”国王一拍脑袋，说：“我还真忘了，毕竟每天要处理各种要务，国王总是很忙嘛！”众人一脸嫌弃的样子。

罗克说：“这里只有你一个大人了，当然应该你去打工了！”国王不屑地说：“那

又怎么了，小孩子还应该去学校呢！他们去了吗？”

此时，依依把桌子一拍，说：“去就去，我们去上学你去打工吗？”小强一听，吓得赶紧拉住依依：“别啊，我不想去学校。”

国王也一拍桌子，对依依说：“那好！我们来打赌，看是你们先上学，还是我先找到工作！谁输了就罚跑500圈！”听了国王的话，依依双臂交叉抱在胸前，说：“赌就赌，谁赖皮谁是小狗！”两人咬紧牙关，相互对视，目光交织处仿佛闪出了火花。

最值问题

故事中说到罚跑500圈，可是国王没说是每人跑500圈，也没说每人跑的圈数相同。聪明的罗克想到了一个“求跑最多的人最多跑多少圈？”的有趣问题。

例题

10个小朋友一共要跑500圈，要求每个人跑的圈数不同，每个人都要跑，这10人中跑最多的那个人最多跑了多少圈?

方法点拨

本题中求“跑最多的人最多跑多少圈？”，可以逆向思考“其他的人最少跑多少圈”，根据条件“每个人跑的圈数不同，每个人都要跑”，即其他9

人分别跑1、2、3、4、5、6、7、8、9圈时，他们跑的总圈数最少。

则跑最多的那个人最多跑了

500－（1+2+3+4+5+6+7+8+9）=455（圈）

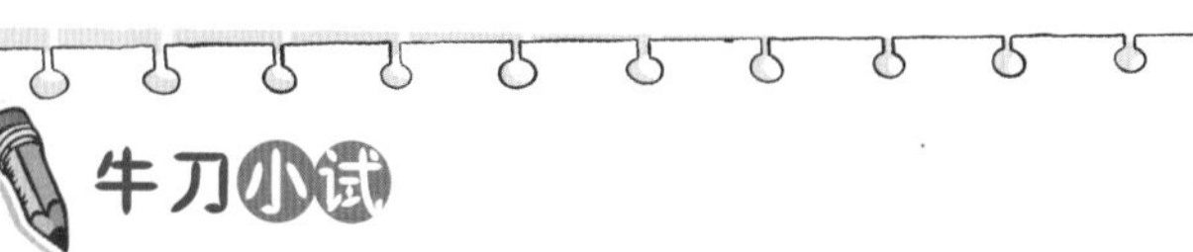

9个学生的体重之和是450斤，他们的体重都是整数，并且各不相同，问：体重最轻的人最重可能是多少斤？

3 空气大盗

校长拿着拖鞋，弓着身子站在他的厨房里，零食水果散落一地。“人呢？”他环顾四周，厨房里面确实没有人影。不可能跑这么快，刚刚还朝我扔东西呢！校长心里想。他又眯起眼睛仔仔细细看了看厨房，还是没有发现哪里藏了人。

“不对呀。”校长挠了挠头，就在这时，冰箱里一个苹果诡异地飘了起来，然后凭空消失了一块，像被人咬了一口一样。

校长看到这些惊呆了，瞪大了眼睛，下巴都快掉下来了。他不停地揉眼睛，眼睛都

红了，他还是不敢相信自己看到的这一切。

“这到底是怎么回事？”

校长慢慢走向诡异的苹果，苹果似乎发现了校长，“咻”一下就向校长飞来。“哇！我的老腰啊！”校长扭腰躲苹果，不小心闪到了腰，他赶紧用手撑着腰，然后他又看到一瓶牛奶飘了起来。校长不知所措地看着牛奶瓶，说：“我可没听说食物能成精啊！”

眼看自己的冰箱快被掏空了，校长左看右看，确认周围没人，然后皱着眉头思考，过了一会儿，他抬起头，说：“要不我试一下这种方法行不行？”

说完，校长扭头跑进卧室，拿了个镜子出来，他举着镜子，对着冰箱，大喊：“照妖镜！”一抬头，他从镜子里面看到一个外星人模样的“隐形人”正呆呆地看着他。

“哇，这种方法真有用！”校长把镜子放下照自己的脸，里面是他自己脸，然后他

看向冰箱，那里还是一个人也没有。校长心里一惊，想着：“难道只有镜子反射才能看到他？”

校长又心生一计，跑进实验室拿了一块小镜子绑在头上，手里拿着刚才的镜子。透过手里的镜子，校长看到了由头上镜子所照出的那个隐形人，校长慢慢地掌握了隐形外星人的行动轨迹。“哈哈哈，还是科学靠谱！看你往哪逃！”

校长跑向隐形外星人，隐形外星人发现自己暴露了，赶紧逃跑，两人在校长家展开

追逐战。

隐形外星人跑到了校长家门口，校长一个鱼跃扑向隐形外星人，隐形外星人赶紧开门跑出去，校长直挺挺地撞到了门上。

校长慢慢爬起来，拍了拍自己的脸，摇了摇头，看着外面的街道，大喊：“我一定要抓住你！”回头关上门，看着自己乱糟糟的家，叹了一口气：“我的周末又泡汤了！”

追及问题

校长和外星人展开了追逐战，校长能追上外星人吗？这样的追逐战藏着行程问题中的追及问题。在一条直线上，不同时间或不同地点出发，然后速度快的追上速度慢这些是追及问题中最常见的情况，小朋友们可以试试画线段图来理解追及问题。

追及问题最重要的等量关系：

速度差×追及时间=路程差

例 题

龟兔赛跑，乌龟比兔子先出发112分钟，乌龟每分钟爬20米，兔子每分钟跑300米，请问兔子出发多久后可追上乌龟？

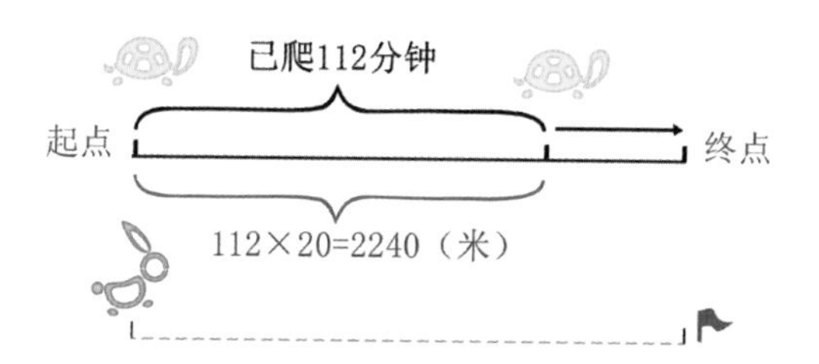

兔子出发时与乌龟相差2240米——路程差；

兔子每分钟比乌龟多前进300-20=280（米）——每分钟缩小280米也叫速度差；

所以要想追上乌龟就要把路程差距缩小为0。

追及的时间为：2240÷280=8（分）。

牛刀小试

大小两辆车要从公司出发送货到同一个地方，大车先出发2小时，已知大车每小时行驶42千米，小车每小时行驶56千米，问小车要行驶多少千米才能追上大车？

入学

周一到了，新的一周又开始了，无论上周发生了什么，时间都不会停下，今天愿望之码要第一次出题了。无论是罗克他们还是校长，心里都不会忘记这个重要的事情。当然，比起罗克，校长此时的心情可能更糟一些。

学校大门外，一辆豪车停在路边，小胖屁股蹭着座位一点点从车门挤出来。没走几步，小胖感觉背后有人在拍他，回过头一看，原来是罗克和荒岛一行人。罗克看着小胖的肚子，问道：“小胖，你怎么穿着游泳

圈上学啊？今天有游泳课吗？”

小胖非常疑惑地看着自己的肚子，自己明明没有穿游泳圈啊。突然，他意识到罗克是在取笑自己胖，生气地对罗克说：“罗克！你……”

依依打断他们的对话，不耐烦地说：“别开玩笑了，我们还有要紧的事要做呢！”罗克看着依依手里的手帕，苦笑着说：“对对对，正事要紧。”

罗克和荒岛一行人来到校长办公室，校长正生着闷气坐在里面，小强看了看校长的脸色，低声问罗克：“要不我们回去吧。”

依依不耐烦地对小强说：“怕什么，难道你想跑500圈？”花花低头撕着花瓣，嘴里念叨着：“跑500圈，入学，跑500圈，入学……”

依依敲了敲门带领大家走进了校长办公室，校长皱着眉头抬起头看着依依，依依对校长说：“我们要入学！”

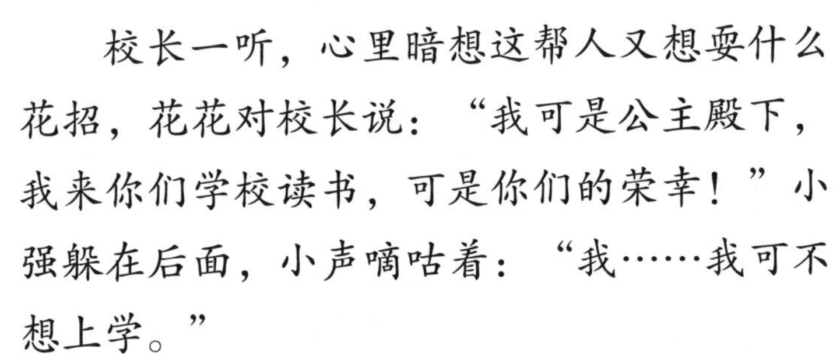

校长一听，心里暗想这帮人又想耍什么花招，花花对校长说：“我可是公主殿下，我来你们学校读书，可是你们的荣幸！”小强躲在后面，小声嘀咕着：“我……我可不想上学。”

校长心里想着，这些人是我的竞争对手，不刁难刁难可不行，正好出出气。于是校长勉强从脸上挤出一丝笑容，对孩子们说：“是是是，你们来到我学校上学，我当然欢迎了，只不过……”

依依不耐烦地说：“只不过什么？磨磨叽叽的，我看你就是想刁难我们！”校长的

笑容僵住了，心里更不高兴了，心想这帮小孩子真没礼貌，但还是忍住了脾气，对他们说：“不要着急呀，按照规定，想要进我们学校就得参加入学考试，可是入学考试已经结束了。”

依依一听脾气更大了，指着校长说：“你是不是不想让我们入学？我要向宇宙委员会举报你，说你歧视外星球学生！”

校长赶紧说：“别别别，我可没歧视你们，虽然你们错过了入学考试，但是只要你们答对了我的问题，我就让你们入学！”

说完校长在心中窃喜，想着随便出一个难题难住他们，到时候既可以不让他们入学，还可以嘲笑他们笨。想着想着校长笑出了声，依依看着校长，嫌弃地说：“赶紧出题呀，在那傻笑什么。”

校长收起笑容清了清嗓子，严肃地说：“好了！请听题！小胖的爸爸每天开

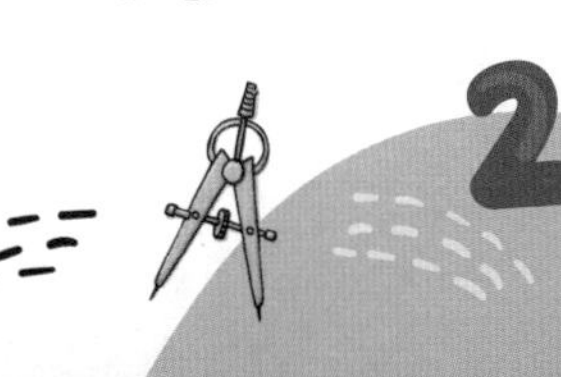

车接送小胖。假设车的燃料最多可以用4小时，早上开车来的时候道路通畅，车速能达到平均50千米每小时，回家的时候道路很堵，平均每小时只能跑30千米，假如每天的燃料刚好够他到家，中途没有加燃料，且每小时消耗燃料是等量的，请问小胖家离学校多远？”

“这……”荒岛众人陷入了沉默，校长得意地看着他们。

罗克看出了他们不会做，心中很着急，这时UBIQ“嘟嘟嘟”地对罗克说了几句，罗克听完点了点头，然后开始挠头，嘴里嘀咕着：“这题好难啊。”

校长听到罗克的嘀咕，更高兴了，心想罗克也不会，对罗克说：“哈哈哈，罗克，你不是数学很好吗？我们地球人向来乐于助人，我就允许你帮帮他们！”

罗克听到后得意一笑，说：“好！那我就帮帮他们吧，答案是75千米！”

校长一听，惊讶地说：“你是怎么算出来的？猜出来的可不算数啊！”话音未落，UBIQ变成了一个平板电脑，罗克把它拿起来毫不迟疑地对校长说：“过程是这样的，假设来上学的时候花了x小时，回去时花了（$4-x$）小时，因为两者路程相同，则$50x=30\times(4-x)$，解得$x=1.5$。所以上学时开了$1.5\times50=75$（千米），也就是说小胖家离学校有75千米啦！”

校长咬牙切齿，发现自己上当了，罗克笑着对校长说：“哈哈哈，校长您可要说话算话哦！”校长生气地说：“哼，算你们及格！赶紧去上课吧！”荒岛众人开心地离开了校长办公室，校长在里面越想越气。

列方程解题

列方程解题比算术法解题更具有普遍性和适应性，很多之前理解起来比较复杂的问题，比如盈亏问题、鸡兔同笼问题，学会列方程就变得容易了。

★列方程解题的步骤:

（1）设未知数（也叫用字母X表示未知数）

（2）结合题意理解等量关系，列出方程

（3）解方程求出未知数的值

（4）检验并答题

例　题

小胖的爸爸每天开车接送小胖。假设车的燃料最多可以用4小时，早上开车来的时候道路通畅，车速能达到50千米每小时，回家的时候道路很堵，每小时只能跑30千米每小时，假如每天的燃料刚好够他到家，中途没有加燃料，且每小时消耗燃料是等量的，请问小胖家离学校多远?

方法点拨

因为路程一定，上学时间×上学速度=回家时间×回家速度。由于燃料刚好用完，我们得知上学和放学一共用了4小时。这里设未知数没有直接设问题中需要求的未知量的方法，叫作间接设未知数法。

设上学用了x小时，那么放学就用了（$4-x$）小时，列方程$50x=30\times(4-x)$。

解方程得$x=1.5$

小胖家离学校的距离：$50\times1.5=75$（千米）

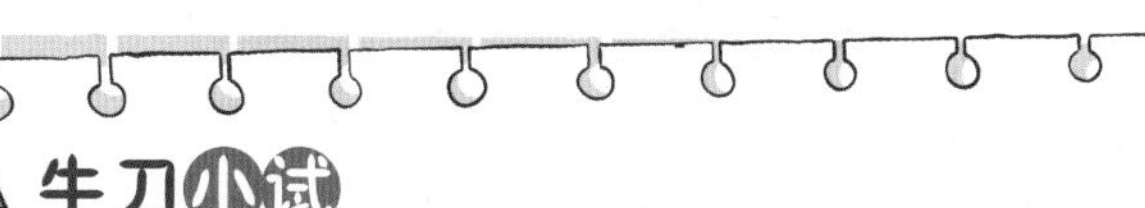

牛刀小试

依依和罗克都准备从甲地去乙地，依依每分钟步行120米，罗克每分钟步行150米，依依先出发4分钟后罗克才出发，经过多少分钟罗克能追上依依?

追捕
外星人

第一份工作

就在孩子们成功入学的同时，国王也开始在街上寻找工作。可惜虽然街上人来人往，小店生意兴隆，但是都不缺人手。

“来来来！新鲜的大包子！”街边的老板吆喝着。国王摸了摸肚子，又摸了摸口袋，肚子空空，口袋也空空。“必须赶紧找到一份工作！”国王心里想着，他决定挨家挨户问一问。

“老伯，请问你们这里需要打工的吗？”“小伙子，我一个人虽然累点，也可以忙得过来。”

“大哥，请问……”“什么大哥！叫姐姐，没长眼睛吗？”国王看着眼前这位姐姐身上壮实的肌肉，觉得这里可能不太适合自己工作。

一圈走下来，国王心灰意冷地站在街旁，周围的人来来往往，从他眼前走过，这种无力感与孤独感，让他不由感叹：“要是还在荒岛该多好啊。”国王想念在荒岛无忧无虑的日子。

“对啊，我来地球就是为了拯救荒岛，如果不能带回愿望之码，那我岂不是永远都无法回到以前的生活了？”国王坚定地挺起身子，走进下一家店铺。在街道的转角处，四个身影在后面偷偷看着国王。

眼看就要到中午，街上的人也越来越少，那些早饭店铺都关上了门，小餐馆开始招揽客人，但无一例外地拒绝了国王，有的嫌他太高大，会挡住别人的路，有的嫌他手脚不够麻利。

“这年头，想找份工作真难！”国王一只手扶着电线杆，另一只手叉着腰，看着周围。突然，国王从他扶着电线杆的手指间的缝隙看到了一个“聘”字，国王赶紧把手收回来，看到了一张招聘启事：镜子店招聘销售员一名，要求五官端正，最重要的是数学好，不能算错账。国王看完，喜出望外，赶紧向着镜子店跑去。国王刚离开不久，四个黑影走到电线杆下面，看着国王离开的方向。

镜子店里，摆放着各种各样的镜子，国王看着周围的镜子，眼睛都不眨一下，老

板看到国王的反应，很自豪地说：“这里是我们小镇上规模最大、款式最多的镜子店了。”国王用力点点头，说：“我简直来到了天堂，我恨不得马上就开始工作。”

店长笑了笑，说：“对工作有热情固然是好事，但是也要看你能不能胜任这份工作，你的数学应该很好吧？”国王骄傲地抬起头说：“我可是数学荒岛的国王！”

店长看着他说：“你这身服装是有点像国王，那我就来考考你，国王大人，我的店有个规矩，就是量大从优，多买优惠。如果一次买很多镜子的话，我就打八折，上午一个客人来买了10面镜子！一共便宜了100元，那么请问镜子原价多少钱？客人应该付多少钱？”

平时大大咧咧的国王此时严肃了起来，他突然原地做起扩胸运动，然后又做起伸展运动，最后原地跳了几下，说：“答案是镜子单价50元，客人一共需要付400元。10面镜

子打八折，那么客人的实际出价是8面镜子的原价，也就是便宜了2面镜子的钱，也就是100元，1面镜子的价格就是50元。他一共要付8面镜子的钱，即一共需要付400元。”

店长满意地点点头，说：“可以，那么从今天起你就是我们店的销售员了。记住，微笑服务，多买打八折，还有，门口那面镜子是我们店的镇店之宝，非常贵重，你可要注意，别摔了或者弄丢了！”国王抬头挺胸站好，对店长说：“是！”镜子店对面的房顶上，那四个黑影从上面离开了。

折扣问题

店长考国王的这个问题涉及商品打折，生活中商品打折问题我们称为“折扣问题”。折扣和百分数关系最紧密，打几折就是按原价的百分之几十出售。打“九折”就是按原价的90%出售，打“八八折”就是按原价的88%出售。

在折扣问题中还要理解几个常用词：

原价：通常是标价，没打折前的价格。

现价：也叫售价，是打折后的价格。

折扣：小于1，通常是一个百分数或小数。

★怎样求折扣问题？

（1）现价=原价×折扣

（2）原价=现价÷折扣

（3）折扣=现价÷原价

有了这些知识，故事中买镜子的问题可以有比国王更简单的方法解答。

例题

客人买了10面镜子，八折后一共便宜了100元，请问镜子原价多少钱，客人应付多少钱?

方法点拨

买10面镜子便宜了100元，即一面镜子便宜10元。打了八折即按原价的80%出售，反过来想，每面镜子比原价便宜了20%。

原价×20%=10（元）

每面镜子的原价就是50元

每面八折后的价格为：50×80%=40（元）

客人应付：40×10=400（元）

牛刀小试

老师在商店里花了56元钱买了一条牛仔裤，因为那儿的牛仔裤正在打七折销售。算算看，这条牛仔裤原价多少元?

校长家里，每个房间都放了好几面镜子。校长正在实验室，他戴着护目镜，身前时不时冒出一阵火花，桌子上摆放着一堆零件，校长取下护目镜擦了擦汗，说：“有了这个装置，我就可以定位到外星人的位置了！”

校长走出实验室看着家里各处都摆放的镜子，心中一股怒火又冒上来：“可恶的外星人，害我买了这么多镜子，那家店真是奸商，一面镜子竟然卖50元！上午还让那帮小孩子得逞！哼！”校长气得直跺脚，刚准

备把手里的东西扔出去，又赶紧收住手，说：“这可是我费尽心思做出来的宝贝，好险，差点儿给扔了。现在该出去找一找小偷了！”

说完，校长将装置塞入口袋，手里拿着一个镜子，出门去了。

走了一会儿，校长的口袋突然疯狂震动，校长赶紧把装置拿出来看，装置的显示屏显示出的是一个小型雷达图案，上面还显示有一个红色小点。校长赶紧往那边跑去。

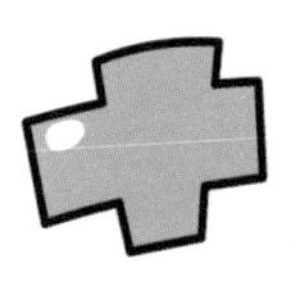

“救命啊！”远处传来一声尖叫，校长往那边看去，糖果婆婆的热狗店里的热狗像长了翅膀一样向外飞去。

校长赶紧跑过去，果然从手中的镜子里看到那个隐形外星人，“我找到你了！这次你别想跑！”校长朝着隐形外星人跑去，隐形外星人看到校长头上的镜子，知道自己被发现了，赶紧逃跑。

糖果婆婆看着热狗不再往外飞，对校

长说：“谢谢你啊，小……老头？”校长生气地对糖果婆婆说：“你才是小老头！”然后向隐形外星人的方向跑去。糖果婆婆看着校长的背影，说：“地球人的审美果然很奇怪！”

国王正在擦拭店里的镜子，他每擦一个还要在镜子上亲一下，然后用手帕轻轻将唇印擦掉。一个影子从镜子里一闪而过，国王揉了揉眼睛，回头看了看，没有看到人，继续擦着镜子。

一会儿，校长跑了过来，校长看到正在擦镜子的国王，奇怪地问国王：“你在这里干什么？”

国王骄傲地对他说：“我现在是这家镜子店的售货员，你要不要买镜子，多买打八折哦，买完回去照一照就会和我一样帅！”

校长生气地说：“我上午就是在这里买了10面镜子，收了我400元！真是黑店！话说，你有没有从镜子里看到一个外星人经过？”国王说：“没有，不过好像有个影子闪过去了。”

校长看了看前面，已经看不到隐形外星人了，叉着腰喘了口气，打量了一下国王，感觉国王还挺壮的，就问国王：“你要不要和我一起抓外星人？”

国王一听，警觉地说：“你不会是想抓我吧？”校长这才想起来好像国王和那群小孩子都是外星人，赶紧解释说：“不不不，不是你，是一个会隐形的外星人，只有用镜子才能看到。”

国王听了之后，对校长说：“不行，我还要工作呢，没时间陪你玩。”校长一听，着急地说：“笨！只要你抓到了隐形外星人，到时候你就成名侦探了！你还担心工作！”

国王听到出名后来了精神，问校长：“你保证我能成名侦探？”校长一拍手，说：“那是当然了！”国王非常开心地

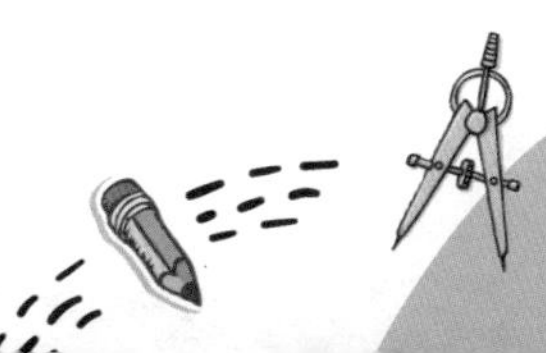

说：“那太好了，你赶紧带我去抓隐形外星人！”

校长想了想，说：“你没有镜子看不到啊，你得像我一样，头上绑一个，手上拿一个。”国王随手拿了一个镜子戴在头上，又拿起了那块镇店之宝，校长问他：“你这样不怕被店长说吗？”国王潇洒地说：“等我成了名侦探，店长肯定恨不得把镜子送给我！”校长听了之后尴尬地笑了几声，说：“对对对，我们赶紧去抓人吧。”

隐形外星人跑着跑着，看到校长好像没追上来，刚放慢速度，便听到国王的声音：“站住！别跑！”隐形外星人回头一看，校长旁边多了一个壮汉，赶紧加速跑起来。校长和国王也加速追了过去。

隐形外星人跑到了马路中央，跳到车上，在一个个车顶上跳来跳去，好多司机发现自己的车顶上凭空出现一个凹洞。

“他在车顶上，我们快追！”校长和国王在马路上穿梭，把正在通行的车辆都吓得急刹车。

司机从车窗内探出头来说：“小孩子别乱穿马路！”校长听到后停下转过头，怒视司机，司机一看，这才发现是个老人，说：“啊，原来是老人家，您别乱穿马路啊。”

罗克和荒岛一行人刚放学，正走在去广场的路上。小强低着头，说：“好饿啊，我们先回去吃饭吧。”依依回头瞪了小强一眼，说：“就知道吃！今天是愿望之码第一次出题，我可不想让校长这么容易就赢得比赛。”小强被瞪得不敢说话。

花花四处张望着，问：“不知道爸爸有没有找到工作，我希望他能成为演员。”罗

克好奇地回头问：“为什么啊？”花花一脸幸福地说：“爸爸很帅，又很爱演，多适合当演员啊。”罗克尴尬地笑了一下，回过头继续走。

“站住！不要跑！”突然一个十分熟悉的声音传入罗克和荒岛一行人耳中，他们同时回头，看到国王和校长在马路上正满头大汗地跑着。

罗克一脸疑问地说：“国王怎么和校长混在一起了？”小强说：“他们好像在追什么？”花花开心地说：“他们一定是在演马路追击的戏，太好了！我爸爸是演员了！”依依说：“哼，怎么可能嘛！八成在跑步减肥。”几人一边议论着，一边向广场走去。

隐形外星人跑了许久，停下来歇了一会，回头看到校长和国王每人拿着一面镜子追过来，吓得赶紧继续跑。校长手里拿着追踪隐形外星人雷达，告诉国王隐形外星人的方向。“他往左边跑了！”“往右！”“他

过马路了！”“在那边那个巷子里！”“他往广场那边跑了！”

到了广场前，隐形外星人慢慢后退，腿碰到了水池的台阶，隐形外星人回头看了看水池，露出了紧张的表情。

校长对国王使了一个眼色，悄悄数着“3，2，1，上！”两人同时跳起来扑向隐形外星人，隐形外星人无处可躲，他们三人一起栽进了水池，隐形外星人逐渐现形。

国王发出非常嚣张的笑声，说：“哈哈哈哈！我，荒岛国王，终于要成名侦探了！”

校长被国王压在身下，痛苦地说：“快……快起来，我快不能呼吸了……”国王听了赶紧起身，校长按着隐形外星人，隐形外星人看到国王的样子，突然放弃了挣扎，眼睛直勾勾地盯着国王看。

校长看到隐形外星人的表情，难以置信地说：“不会吧？他被你迷住了？”国王潇

洒地摸了摸自己的头发，说：“这才是我的魅力，你们这些地球人根本不懂。”

隐形外星人嘴里说了一些听不懂的话，校长问国王：“他在说什么？”国王反问校长：“我怎么听得懂？”校长无语地看着国王，说：“你不是外星人吗？”国王鄙夷地看着校长：“对我来说你也是外星人。”

校长从衣袋里拿出雷达，雷达变成了一副手铐，把隐形外星人铐了起来，校长心里盘算着该怎么处置这个隐形外星人。

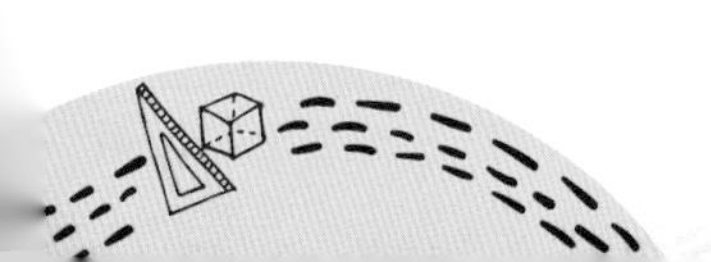

返身追及问题

有时运动的两个物体在路线上会掉头或返身，这样的追及问题更有趣。但不论哪种追及问题，追及问题的实质都是“不断缩短差距，最后终于追上”，同样是用到“路程差÷速度差=追及时间”这个公式，应用这个公式要学会找准路程差。

例题

小明的家在学校西边，小芳家在学校东边，放学后他们同时从学校出发各自回家，小明每分钟走125米，小芳每分钟走175米，3分钟后小芳想起要找小明拿回自己的书，于是转身去追小明，小芳要再走多少分钟才可以追上小明。

方法点拨

这里小明、小芳各自回家是背向而行，路程差是小明、小芳3分钟走的路程和。

（125+175）×3÷（175−125）=18（分）

牛刀小试

小明每分钟走100米，小红每分钟走80米，在上午7时30分时，两人同地背向走了5分钟，小明调转方向追小红，小明在什么时间能追上小红？

这时罗克和荒岛一行人也来到广场，马上就是愿望之码出题的时间，罗克看到国王和校长在一起，跑过来问国王：“你怎么跟校长在一起了？”国王说：“我刚刚帮了校长一个忙。”然后跑去抱起花花猛亲一口，说：“女儿！你爸爸要成名侦探啦！”花花先是疑惑了一下，然后马上开心地说：“是吗！那我就是大侦探的女儿了！”大家看着这一对父女，完全不懂他们在激动些什么。

随着一声欢快的音乐，愿望之码从广场中青蛙雕像的肚子里飞了出来，慢慢舒展开来，好像刚刚睡醒一样。然后它变成一条长长的通道，升向天空，一阵强光绽放开来，里面显现出已经激活的“愿望之码”。

这时，愿望之码开始发出指令：“算一算，想一想，实现愿望靠自己。如果你们要把愿望变成现实，请抢答数学题。”罗克和校长紧张得直吞口水。

“大家请听题，一串珠子按3个红、4个绿、5个蓝的顺序串在一起，共有100个珠子，最后15个珠子中红珠子有多少个？”愿望之码公布题目。大家马上开始思考。

这时隐形外星人踢了踢校长，校长不耐烦地说：“去去去，干什么，没看到我在做题吗？”隐形外星人又踢了踢校长，校长抬头刚准备打隐形外星人，就看到隐形外星人对着他比了五个手指头。

“你说等于5……”“恭喜你，回答正确。”愿望之码打断校长的话，罗克等人惊讶地抬头，问校长：“你是怎么做出来

的？”校长看了看周围的人，支支吾吾地说：“是……是这样，怎么做呢？哦！我明白了！”

校长一拍脑袋，说：“是这样，红、绿、蓝三种珠子加在一起是3+4+5=12，每12颗珠子循环一次，而前85颗珠子中，85÷12=7……1，这意味着第85颗珠子和第一颗珠子一样，那么从第86颗珠子开始，有2个红、4个绿、5个蓝，而15−2−4−5=4，最后4个珠子再开始新一轮的循环，那么4个珠子中就有3个红的和1个绿的，即最后15个珠子中，红珠子一共有2+3=5（颗）。”

愿望之码发出柔和的光照着校长，说：“获胜者，请说出你的愿望。”

校长看着周围的人，紧张地说：“我的愿望……我的愿望是……”然后突然表情变得邪恶起来，说：“我的愿望当然是统治地球啦！”

罗克等人一听，大喊：“不好！”愿望

之码此时发射出强光，说：“如你所愿。”罗克等人被光罩住，众人大喊：“不要啊！”之后，他们就消失了。

强光消失后，广场变得一片黑暗。校长猖狂地大笑着，说：“哈哈哈哈，我成功了！我的世界！按照我的秩序！”笑了一会，校长平静下来，发现手里握着一个地球仪。

“咦，这是？”愿望之码这时说：“这就是你统治的地球。”校长愤怒地把地球仪往地上摔去，对愿望之码说：“我要统治的不是这个‘地球’啊！”愿望之码说：“正在查询其他地球，查询结果为零。”

校长非常生气，跺着脚说：“你怎么这么笨啊，我要的是成为世界之王！”愿望之码说：“想要实现愿望，请先回答数学题，下次出题时间在7天后。”

校长愤怒地大叫了几声，突然他想起罗克等人消失了，又开始笑起来，说：“那群

小鬼消失了，也没人跟我竞争，下次愿望还是我的，哈哈哈，我真是太聪明了！”

突然又一道强光一闪，周围全部还原了，罗克等人回到广场，互相看着，一脸疑惑。罗克说：“刚刚怎么回事，我们睡着了？”众人摇摇头都不知道刚才发生了什么事。

校长彻底崩溃了，问愿望之码：“为什么？为什么啊？为什么他们也回来了？你是个假的愿望之码！我要举报你！”

愿望之码说：“每个愿望只有3分钟的时效性，答对7道题后，才能永久实现一个愿望。”校长咬牙切齿地指着罗克说：“好！那我就赢你7次！然后实现我的愿望！”罗克也对校长说：“哼，谁怕谁呀！”

校长拉着隐形外星人往回走，刚抬起脚，手臂被别人用力拉住。校长紧张地回头，说：“干什么？可不能随便打人啊！”

他看到原来是国王拉住了他。

国王一脸正义地说："校长，你可要说话算话，说好的要让我成为名侦探呢？"校长这才想起当初骗国王帮忙时好像是有说过这个，校长摸了摸脑袋，吞吞吐吐地说："呃，这个，我先带隐形外星人回去洗澡，给他弄干净点！"国王放开校长，开心地说："那好！你一定要把他洗得干干净净，我们好去找报社！"校长很敷衍地点头答应，然后赶紧带着隐形外星人离开了。

周期问题

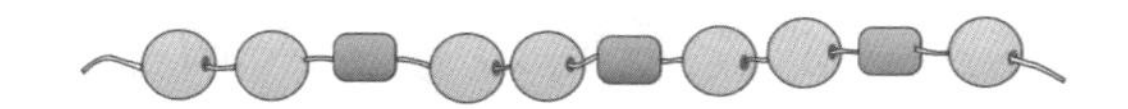

这串珠子的变化是有规律的，仔细观察就会发现这种规律是周期性变化规律，可以把两颗黄珠子和一颗蓝珠子看成一组，这样的组反复出现。这种周期性变化规律生活中非常普遍，比如，一年之中是总按照春、夏、秋、冬四季变化。数列0，1，2，0，1，2，0，1，2，0……是按照0，1，2三个数重复出现的，这也是周期性变化。

常用方法：有余数除法。

技巧：先观察每个周期，确定每个周期的数量。

例 题

街上的彩灯按照5盏红灯，再接4盏蓝灯，再接3

盏黄灯，然后又是5盏红灯、4盏蓝灯、3盏黄灯……这样排下去。问：前150盏彩灯中有多少盏蓝灯?

方法点拨

5红、4蓝、3黄，周期数是12

列出除法算式150÷12＝12……6

前150盏灯共有12个周期余6盏灯

12个周期中有蓝灯4×12＝48（盏）

最后剩余的6盏灯依然按5红、4蓝、3黄排列，第6盏刚好是蓝灯，所以共有蓝灯48＋1=49（盏）。

5 隐形外星人Milk

校长带着隐形外星人连忙赶回家，隐形外星人一路都在挣扎着想逃走，把校长这把老骨头累得够呛。一到家，校长立刻拿来一捆绳子把隐形外星人绑在了椅子上。

见隐形外星人老老实实地被绑在椅子上，校长松了口气，终于放松下来，看来这个隐形外星人并不会对他造成什么威胁。他要好好拷问拷问这个懂数学的外星人，说不定能助他夺得愿望之码。

于是校长努力从地板上跳起来，摆出一副要打人的架势，隐形外星人被吓得够呛。

校长恶狠狠地问道："快说，你是谁，从哪来，有什么目的？"

隐形外星人露出恐惧的眼神，发出一连串叽里咕噜的声音，根本构不成地球上的任何语法。校长突然回想起来，说："是了，这是个外星人，语言可能沟通不了。"

"啊哈！正好试试我的新发明。"校长转身跑到一个箱子前，打开钻进去后一阵翻找，然后找出一个像护目镜的东西。

"语言接收器，没想到真派上用场了，这下你可以听懂我的话，我也可以听懂你的话了。"校长强行将接收器戴在隐形外星人

脸上，可结果校长依然是听不明白，怎么会这样呢？

校长一拍脑袋，怎么把最重要的事忘了，校长又从箱子掏出一个大型奶嘴一样的东西。

“语言翻译器！”校长将“奶嘴”戴在隐形外星人头上，果然刚带上“奶嘴”，这个外星人就开口说人话了。

“哎呀！憋死我了！咦？我说的是什么话？哎呀，妈妈！我是不是死了！我好怕啊！”外星人说个不停。校长吼住他，又问了一遍最开始的问题。

隐形外星人想了一下说：“我来自数学星球，在旅行的时候被一股强大的力量击落，就掉到你们星球来了。”

“那股力量恐怕就是愿望之码爆发的能量，那这家伙也真是挺倒霉的。隐形外星人自称来自什么数学星球，那就是说他的数学很厉害？”校长心里默念。

校长不服气地说：“哼！我可是最厉害的数学博士，你们数学星球的人数学肯定不如我。”

隐形外星人一听很兴奋：“哎呀！我也是博士耶！在我家大家都叫我博士。”

“不行！”校长当即叫停隐形外星人，“你长得这么幼稚，叫博士简直就是对博士的不尊重！”校长又细细打量了一番这个隐形外星人，他体型高大，全身湛蓝，圆滚滚的像个奶瓶，“既然这样的话，我看你这么像奶瓶，你干脆就叫Milk吧！又好听，又符合你的形象。”

没有深究校长给自己起这个名字的意义，就是感觉还蛮好听的，隐形外星人也欣然接受了。“Milk，嘻嘻，有点可爱！”

另一边，罗克和国王一行人在路上讲着自己今天发生的事。回到家，他们发现家门口站着四个人。国王看着他们，喜出望外，说：“太好了！他们回来了！”罗克疑惑地

问：“他们？”花花骄傲地说：“就是我给你说的我们家的随从，加、减、乘、除。”

国王站直，严肃认真地说：“加、减、乘、除！报数！”加、减、乘、除瞬间站成一排，依次大声地喊：“加！减！乘！除！”国王满意地点点头，说：“总算找回点当国王的感觉了！”

只有罗克无奈地看着他们四人，心想这下房子是真的装不下了。

几人挤进房子，国王坐在沙发上，花花坐在他旁边，罗克席地而坐，加、减、乘、除站在沙发旁，依依和小强互相看着，也不知道坐哪里。

UBIQ“嘟嘟嘟”地对罗克说了几句

话，罗克点点头说：“是啊，没想到校长居然想统治世界，他为什么会有这种愿望呢？”国王说：“就是，作为美貌与智慧的化身，我觉得我应该考虑长一头秀发。”说完，国王理了一下自己飘逸的头发。

依依假装没有看到国王，说：“不管怎么样，我们下次一定要赢校长。”罗克坚定地说：“嗯！拯救荒岛，保护地球！”众人互相看着，伸出手叠在一起，然后举手高呼：“加油！”

报数策略问题

加、减、乘、除的报数方式太单一了，还有一种报数讲究策略，让我们利用数学思维来研究一些取胜的策略吧。

例题

两人轮流报数，每人每次可报一个或两个连续的数，谁先报到30，谁就获胜。

方法点拨

这种游戏其实是不公平的游戏，报数顺序决定了最后的结果，有时是先报数的人获胜，有时是后报数的人获胜，但如果没有掌握方法即使报数顺序占优势有时也不一定会赢，所以，懂策略才是关键。

用倒推法来研究，最后想要先抢到30，此前必须先抢到27，给对方留3个数，这样不管对方报1个数还是2个数，自己都能抢到30，同理要抢到24、21、18、15、12、9、6、3，这些数也叫游戏胜利关键数。

无论先报数的人报1个还是2个数，后报数的人都能够抢到关键数3，所以后报数的人更有优势。

★有时对方某个环节没有控制好局面，原本劣势的一方及时抢到关键数也能反败为胜。

牛刀小试

甲乙两人玩取珠子游戏，共有60颗珠子，甲乙两人每次轮流取走1～3颗珠子，谁拿到最后一颗珠子谁就获胜，如果双方都是会玩的高手，获胜的一定是先取的还是后取的？

愿望之码

1. 新的学期，新的开始

【荒岛课堂】煎蛋（烙饼）问题

【答案提示】

先算好煎2张饼要6分钟，3张饼要9分钟，分别推算出答案。

16张饼需要8×6=48（分）

19张饼需要8×6+9=57（分）

2. 校园里的外星人

【荒岛课堂】爬楼梯

【答案提示】

不对。

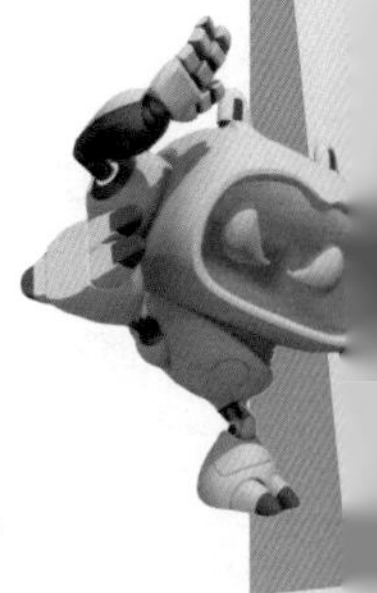

姐姐爬到5楼，意思为爬了4层楼，弟弟爬到3楼，意思为爬了2层楼，所以姐姐的速度是弟弟的2倍。

姐姐爬到25楼，即爬了24层楼，所以弟

弟只爬了12层楼，爬到了13楼。

3. 奇怪的球

【荒岛课堂】找规律

【答案提示】

三个图之间看似没有什么直接的联系，找不到规律，仔细研究每个图会发现：每个图中的红色三角形的数与其他数有这样一个关系：

$3\times4\div2=6$

$4\times8\div2=16$

$7\times9\div3=21$

所以，答案是21。

4. 神奇的愿望之码

【荒岛课堂】巧填数学符号

【答案提示】

$(5+5-5-5)\times5=0$

$[(5-5)\times5+5]\div5=1$

$(5+5+5-5)\div5=2$

$(5+5)\div5+5\div5=3$

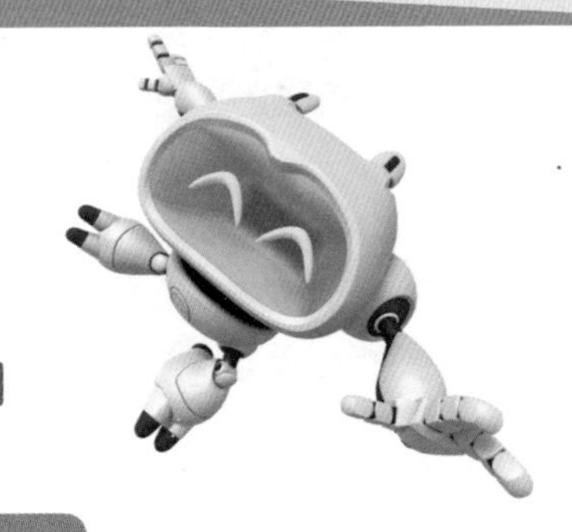

启动

1. 愿望之码失效了？

【荒岛课堂】吉祥数加法充能

【答案提示】

100=64+6+6+6+6+6+6

2. 大街上的坦克　五颜六色的热狗

【荒岛课堂】鸡兔同笼问题

【答案提示】

彩笔12盒，铅笔15盒。

3. 启动成功　许愿失败

【荒岛课堂】错解问题

【答案提示】

正确的商是58。

由（　　）÷65=50

得被除数为：$65\times50=3250$

$3250\div56=58\cdots\cdots2$

4. 数学骑士的决斗

【荒岛课堂】烙饼问题升级

【答案提示】

煎2个鸡蛋要4分钟，煎3个鸡蛋要6分钟。

$2019=1008\times2+3$

2019个鸡蛋要$1008\times4+6=4038$（分）

空气大盗

1. 谁动了我的零食

【荒岛课堂】多少种换零钱方法

【答案提示】

有7种付款方式

先考虑用10元的，

$15=10+5$

$15=10+2+2+1$

15=10+2+1+1+1

15=10+5×1

再考虑不用10元的，用2张5元的

15=5+5+2+2+1

15=5+5+2+1+1+1

15=5+5+5×1

再考虑不用10的，只用到1张5元的，这种情况下凑不够15元。

2. 大人与小孩的赌约

【荒岛课堂】最值问题

【答案提示】

46斤。

要求“体重最轻的人最重多少斤”就要这9个人体重比较接近。9人的平均体重为50斤，这9个人的体重从大到小分别是：54斤、53斤、52斤、51斤、50斤、49斤、48斤、47斤、46斤。

3. 空气大盗

【荒岛课堂】追及问题

【答案提示】

先求小车追上大车要用的时间：

42×2÷（56—42）=6（时）

再求小车追上大车时共行驶的路程：

56×6=336（千米）

4. 入学

【荒岛课堂】列方程解题

【答案提示】

这是道典型的追及问题，有些同学如果用算术法不能理解追及问题，可以借助方程思维来理解。

罗克追上依依的时候两人步行的路程相等。

设经过x分钟罗克追上依依，列方程得：

$120\times(4+x)=150x$

$x=16$

所以，罗克16分钟后可以追上依依。

追捕外星人

1. 第一份工作

【荒岛课堂】折扣问题

【答案提示】

原价的计算方法：原价=现价÷折扣

原价56÷70%=80（元）

3. 零食大盗就范

【荒岛课堂】返身追及问题

【答案提示】

小明调转方向后，追上小红花了45分钟，两人之前背向走了5分钟，所以，上午8时20分小明追上小红。

4. 校长的野心

【荒岛课堂】周期问题

【答案提示】

2019÷6=336……3

第2019个图形是三角形。

5. 隐形外星人Milk

【荒岛课堂】报数策略问题

【答案提示】

双方都会玩的条件下，后取的一定获胜。

60÷（1+3）=15，没有余数。

后取的每次取得数量与先取得珠子的数量和为4即可。先取1后取3，先取2后也取2，先取3后就取1。最后，后取的一定获胜。

对应故事		知识点	页码
愿望之码	新的学期，新的开始	烙饼问题	8
	校园里的外星人	植树问题	18
	奇怪的球	找规律	24
	神奇的愿望之码	数与符号	33
启动	愿望之码失效了？	数与符号	43
	大街上的坦克 五颜六色的热狗	鸡兔同笼问题	53
	启动成功 许愿失败	推理	63
	数学骑士的决斗	烙饼问题	70
空气大盗	谁动了我的零食	计数问题	77
	大人与小孩的赌约	最值问题	82
	空气大盗	追及问题	88
	入学	方程法	96
追捕外星人	第一份工作	折扣问题	104
	零食大盗就范	追及问题	116
	校长的野心	周期问题	124
	隐形外星人Milk	策略问题	132

图书在版编目（CIP）数据

罗克数学荒岛历险记. 1，神奇的愿望之码 / 达力动漫著. —广州：广东教育出版社，2020.11

ISBN 978-7-5548-3165-6

Ⅰ. ①罗… Ⅱ. ①达… Ⅲ. ①数学—少儿读物 Ⅳ. ①O1-49

中国版本图书馆CIP数据核字（2019）第290492号

策　　划：陶　己　卞晓琰
统　　筹：徐　枢　应华江　朱晓兵　郑张昇
责任编辑：李　慧　惠　丹　尚于力
审　　订：苏菲芷　李梦蝶　周　峰
责任技编：姚健燕
装帧设计：友间文化
平面设计：刘徽羽　钟玥珊

罗克数学荒岛历险记　1　神奇的愿望之码
LUOKE SHUXUEHUANGDAO LIXIANJI　1　SHENQI DE YUANWANGZHIMA

广东教育出版社出版发行
（广州市环市东路472号12-15楼）
邮政编码：510075
网址：http：//www.gjs.cn
广东新华发行集团股份有限公司经销
广州市岭美文化科技有限公司印刷
（广州市荔湾区花地大道南海南工商贸易区A幢　邮政编码：510385）
889毫米×1194毫米　32开本　4.75印张　95千字
2020年11月第1版　2020年11月第1次印刷
ISBN 978-7-5548-3165-6
定价：25.00元
质量监督电话：020-87613102　邮箱：gjs-quality@nfcb.com.cn
购书咨询电话：020-87615809